청소년을 위한 물리 이야기

청소년을 위한 물리이야기

초판 1쇄 인쇄 2023년 03월 27일
초판 1쇄 발행 2023년 04월 03일

지음 사마키 다케오 **옮김** 오시연

펴낸이 이상순 **주간** 서인찬 **영업지원** 권은희 **제작이사** 이상광

펴낸곳 (주)도서출판 아름다운사람들
주소 (10881) 경기도 파주시 회동길 103
대표전화 (031) 8074-0082 **팩스** (031) 955-1083
이메일 books777@naver.com **홈페이지** www.book114.kr

리듬문고는 (주)도서출판 아름다운사람들의 청소년 브랜드입니다.

978-89-6513-779-5 03420

이 도서의 국립중앙도서관 출판예정도서목록(CIP)은
서지정보유통지원시스템(http://seoji.nl.go.kr)과 국가자료종합목록구축시스템(http://kolis-net.nl.go.kr)에서 이용하실 수 있습니다. (CIP제어번호 : CIP2020015868)

파본은 구입하신 서점에서 교환해 드립니다.

청소년을 위한

물리이야기

사마키 다케오 지음 | 오시연 옮김

리드리드출판

차례

1장 물체의 운동과 힘의 법칙

2장 일, 열, 에너지는 어떤 관계가 있을까?

3장 우리 주변의 파동과 소리의 성질을 알아보자

4장 전기의 정체와 작용을 알자

5장 에너지의 종류와 이용

머리말

'물리'라고 하면 머릿속에는 어떤 이미지가 떠오를까?

어려워서 졸리는 과목. 복잡해서 뭐가 뭔지 모르겠다. 설명을 들어도 머리에 안 들어온다. 인생에 도움이 안 되는 과목 등. 아마 부정적인 말이 대다수일 것이다.

하지만 생각해보자. 물리(物理)는 '사물(物)의 이치(理)'라는 뜻이다. 세상의 삼라만상을 이해하고 존재 방식과 법칙을 알고 싶은 지적 호기심을 충족시켜 주는 것 또한 물리다. 어려워서 잘 못하는 분야라는 생각은 잠시 접어두고 기초부터 살펴보는 게 어떨까?

이 책의 목적은 물리를 아주 단 시간에 정리하는 것이다. 물리같이 어려운 교과목을 정말 짧은 시간에 정리할 수 있겠냐는 의심의 소리가 들리는 듯하다. 물리는 고등학교에서 주로 이과에 진학하는 학생이 파고드는 과목이다. 물리는 물리학을 배경으로 역학, 에너지, 파동, 전자기학 등 추상적인 내용을 담고 있어 아무래도 이해하기 쉽지 않다. 사실 파고들면 어려운 내용이 많아서 이 책에서는 중요 내용만 담기로 했다.

다음과 같은 내용을 다루었다.

역학 …… 속력 / 속도 / 등속 직선 운동 / 속도의 합성과 상대 속도 / 가속도 / 등가속도 직선운동 / 자유 낙하 운동 / 힘 / 힘의 평형 / 작용 반작용 / 다양한 형태의 힘 / 힘의 합성과 분해 / 관성의 법칙 / 운동의 제2법칙 / 중력에 의한 운동 / 운동방정식

일 · 열과 에너지 …… 일 / 일의 원리와 일률 / 운동에너지 / 위치에너지 / 역학적 에너지 보존 법칙 / 열과 온도 / 열과 일 / 열기관

파동 …… 파동의 성질 / 횡파와 종파 / 파동의 중첩 / 파동의 반사 / 소리의 전달 방식 / 소리의 중첩 / 진동하는 줄 / 진동하는 기주

전자기 …… 전류와 전자 / 회로와 전류 · 전압 · 저항 / 전력과 전력량 / 전류가 만드는 자기장 / 모터의 원리 / 발전기의 원리 / 직류와 교류 / 전파

에너지 이용 …… 다양한 형태의 에너지 / 에너지 보존 법칙 / 전기에너지와 열에너지 자원 / 방사선과 원자력의 이용

중학교 교과서에는 수식이 별로 나오지 않지만, 고등학교 교과서에는 제법 등장한다. 그러나 수식으로만 나열된 물리학 공식을 보고 흥미를 느끼는 사람은 많지 않을 것이다.

이 책은 문과 계통의 학생도 쉽게 이해할 수 있도록 최대한 그림과 그래프를 이용해 수식의 의미를 이해할 수 있도록 했다.

처음부터 모든 내용을 파악하려 하지 말고 먼저 전체 내용을 대략 읽어본 다음, 개념이나 수식의 의미를 생각하면서 차근차근 다시 읽으면 이해하는 데 어렵지 않을 것이다. 이때 기본적인 문제를 실제로 풀어보면서 읽으면 금상첨화다.

많은 사람이 물리라면 손사래를 치고 본다. 하지만 물리를 공부하고 싶거나 공부해야 할 필요가 있는 사람도 그에 못지않게 많다. 물리학을 본격적으로 공부하기 전에 기초를 튼튼히 하는 것부터 시작하면 어떨까. 급할수록 돌아가라는 속담도 있듯이 말이다. 실은 우리 일상에는 물리학 법칙이 작용하는 현상으로 가득하다.

'물리학이라는 관점'을 조금이라도 장착하면 여기저기서 펼쳐지는 물리현상을 흥미로운 눈으로 바라볼 수 있을 것이다. 여러분이 이 책을 통해 '물리도 생각보다 재미있구나'라고 생각하게 되기를 바란다.

사마키 다케오

CHAPTER ONE

제 1 장

물체의 운동과 힘의 법칙

1. 직선운동의 세계
2. 힘은 어떤 것이고 어떻게 작용할까?
3. 운동의 법칙이란 무엇일까?

WARM-UP!

지하철이나 버스가 갑자기 멈추면 왜 몸이 앞쪽으로 쏠릴까?

A

일정한 속도로 나아가는 지하철이나 버스에 타고 있는 사람을 생각해 보자. 그 사람은 항상 그 시점에서 진행 방향으로 똑바로 나아가려고 하는 성질(관성)을 갖고 있어서 급브레이크를 밟아서 속도가 줄어도 사람의 몸은 그때까지의 속도로 나아가려 한다.

반면 바닥에 닿아 있는 발은 진행 방향과 반대 방향의 마찰력을 받아서 지하철이나 버스처럼 속도를 줄인다. 이렇게 하면 상체가 앞으로 쏠린다.

1. 직선운동의 세계

● 속력은 어떻게 비교할까?

30m 자전거 경주를 생각해보자. 신호가 떨어지자마자 자전거가 출발한다. 처음에는 느렸던 자전거가 점점 빨라진다. 즉 출발 시점에는 0이었던 속력이 점점 빨라진다는 말이다. A 씨는 딱 5초 만에 목표지점에 도착했다.

$$속력(m/s) = \frac{이동거리(m)}{걸린시간(s)}$$

속력의 단위는 m/s(초당 미터 수)이다. 시간이 5초이고 거리가 30m이므로 속력은 이렇게 계산할 수 있다.

속력 = 30m ÷ 5s = 6m/s

자전거의 속력은 달리는 동안 계속 변하기 때문에 여기서 구하는 속력은 평균 속력이다.

평균하여 '속력 6m/s'로 30m 거리를 쭉 달렸다는 뜻이다.

실제로는 출발해서 목표지점에 도달하기까지 속력은 순간순간 변하기 마련이다. 아주 짧은 시간 내(순간)의 평균 속력을 순간 속력이라고 한다. 야구 경기장에서 스피드건(속도측정기)으로 측정하는 공의 속력은 순간 속력이다.

● 속력과 속도는 어떻게 다를까?

물리에서는 속력과 속도를 구별한다.

예를 들어 북풍과 남풍은 같은 초속 20m라고 해도 정반대 방향으로 분다. 속도는 크기에 방향을 포함한 것이고 속력은 빠르기의 크기(예를 들어 20m/s)만을 가리킨다.

직선상의 운동에서 속력은 같지만, 정반대 방향으로 움직인다면 속도를 구별해야 한다. 그래서 속력에 플러스(+)와 마이너스(-) 부호를 붙여서 속도를 표시한다.

오른쪽으로 가는 열차와 반대편에서 오는 열차가 둘 다 70m/s로 엇갈려 지나갔다고 하자. 오른쪽으로 가는 열차의 속도를 플러스라고 정하면, 그 속도는 +70m/s이고 반대 방향으로 가는 열차의 속도는 -70m/s이다.

속도와 같이 크기와 방향성을 갖는 물리량을 벡터(vector)라고 한다. 또한, 질량, 체적, 빠르기처럼 방향을 갖지 않고 크기만 있는 물리량을 스칼라(scalar)라고 한다.

우리가 중학교 때 배우는 벡터로는 힘이 있다. 힘과 속도 같은 벡터는 힘을 받는 방향이나 운동의 방향에 그 크기에 상당하는 길이를 표시하여 화살표로 나타낸다. 힘이 평행사변형의 법칙에 따라 합성이나 분해가 되듯이 속도도 평행사변형의 법칙이 적용된다(44쪽).

[표1] 시간의 단위를 나타내는 기호는?

초	s	second의 머리글자
시	h	hour의 머리글자

[그림 1] ● 여러 가지 빠르기를 비교해보자

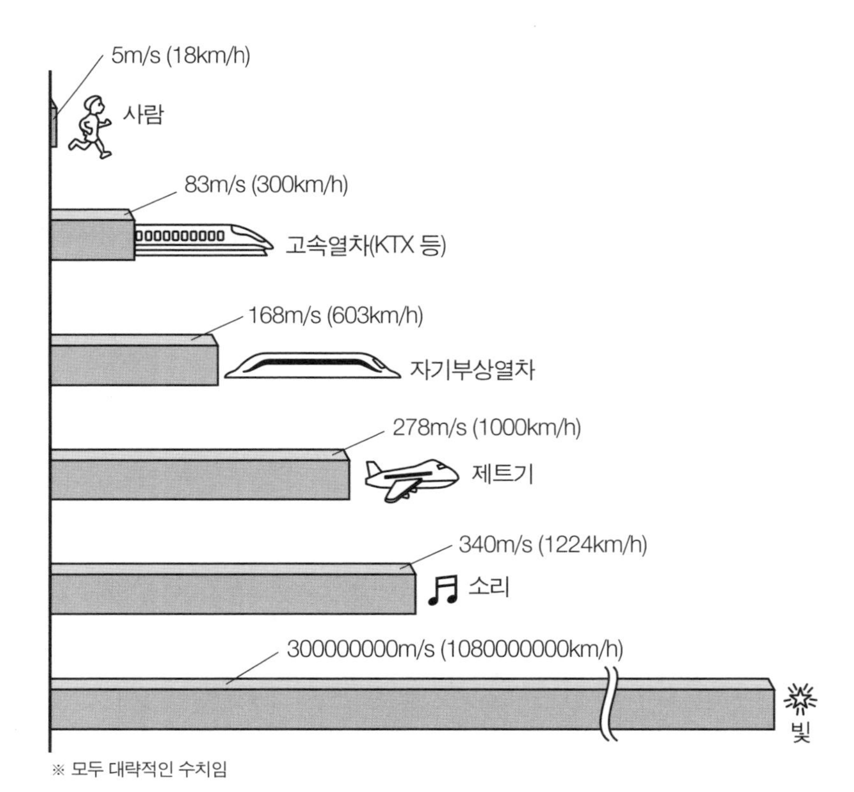

※ 모두 대략적인 수치임

● 등속 직선 운동의 특징을 알아보자

등속 직선 운동은 일정한 속도와 방향으로 나아가는 운동을 말한다. 속도를 바꾸지 않고 처음부터 끝까지 50km/h(시속 50km)로 같은 방향으로 달리는 차를 생각해 보자. 등속 직선 운동은 속도가 변화하지 않아서 등속도 운동이라고도 한다. 여기서 '등속'의 '등'은 한자로 등(等)으로 쓰며 같다는 뜻이고 '속'은 한자로 속(速)으로 쓰면 '빠르기'라는 뜻이다.

등속 직선 운동에서 가로축을 시간(t), 세로축을 이동 거리(x)로 하여 그래프를 그리면 기울기가 일정한 직선이 된다.

한편 가로축을 시간(t), 세로축을 속도(v)로 하여 그래프를 그리면 가로축에 평행한 직선이 된다.

등속 직선 운동은 다음 식으로 나타낼 수 있다.

$$\text{속도(m/s)} = \frac{\text{이동거리(m)}}{\text{걸린시간(s)}}$$

[그림 2] ● 속도를 나타내는 화살표

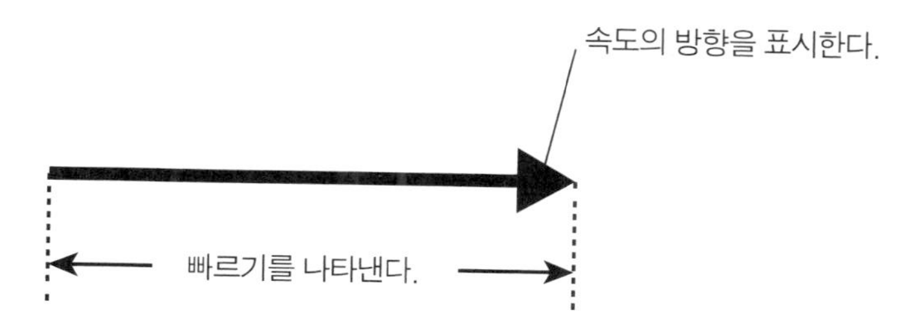

[그림 3] ● 등속 직선 운동 그래프

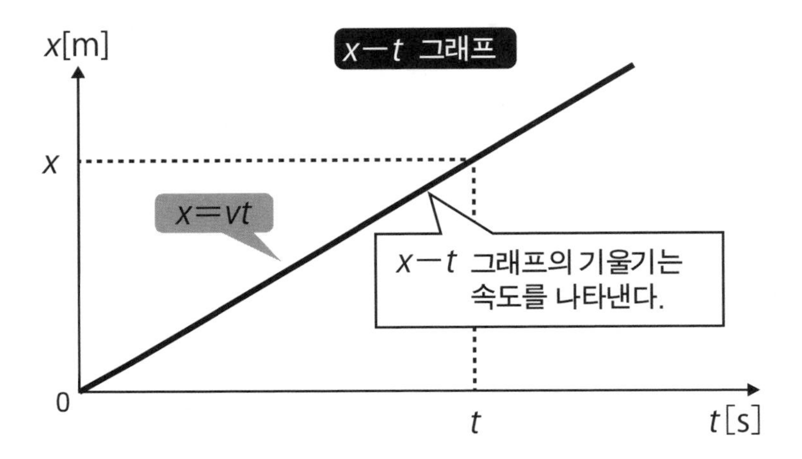

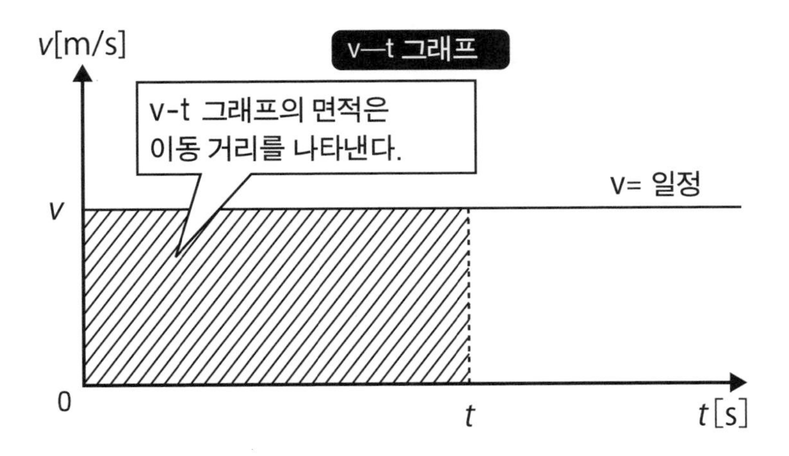

이므로 속도(v), 시간(t), 이동 거리(x)는 다음과 같은 관계가 성립한다.

$$v = \frac{x}{t}$$

이 식은 이렇게도 변형할 수 있다.

$$x = vt$$

V—T 그래프의 가로축과 세로축으로 둘러싸인 면적이 이동 거리(x)다. 등속 직선 운동에서 '속도 = 이동 거리 ÷ 걸린 시간'이다. 그러므로 '이동 거리 = 속도 × 걸린 시간'이 된다. 이것은 그림 3의 빗금 친 사각형 면적에 해당한다. 이것이 이동 거리(x)와 같으므로 이 면적은 이동 거리(x)를 나타낸다.

● 나란히 달리는 전철의 속도는 어떻게 보일까?

전철을 탔을 때 창 너머로 보이는 물체는 전철의 뒤에서 달려오는 듯이 보인다.

또 옆 선로에서 나란히 같은 속도와 방향으로 달리는 전철을 보고 있으면 자신이 탄 전철이 정지해 있는 것처럼 느낀다.

이처럼 물체의 운동 속도는 기준에 따라 다르다. 무엇을 기준으로 삼을지는 무엇이 움직이지 않는다고 할지에 따라 정해진다.

보통은 지표(또는 지표에 대해 정지한 물체 - 건물 등)를 기준으로 삼는다.

[그림 4] ● 상대 속도

가령 A와 B라는 자전거 2대를 생각해보자. A 자전거를 탄 관찰자가 본 B의 속도는 관찰 대상인 B의 속도에서 관측기준인 A의 속도를 빼서 계산한다. 이것을 A에 대한 B의 상대 속도라고 한다.

A에 대한 B의 상대 속도　B의 속도　A의 속도

$$\vec{V}_{B\leftarrow A} = \vec{V}_{B} - \vec{V}_{A}$$

● 속도의 덧셈법이란?

부동산 광고지를 보면 종종 '역에서 도보 ○분'이라는 문구를 볼 수 있다. 이것은 1분에 걸어서 80m를 간다는 전제가 깔려있다. 출퇴근 시 다소 빠른 걸음으로 걷는 속도다. 초당 미터 단위로는 약 1.3m/s가 되는데 이것을 걷는 속도의 기준으로 잡자.

여러분은 무빙워크를 이용한 적이 있을 것이다.

가령 0.7m/s(초당 0.7m)로 움직이는 무빙워크를 타고 있다면 여러분은 가만히 있어도 무빙워크가 움직이는 방향으로 0.7m/s의 속도로 이동하게 된다. 무빙워크를 타고 진행 방향으로 1.3m/s의 속도로 걸어간다면 1.3 + 0.7 = 2m/s로 이동하게 된다.

이번에는 무빙워크를 타고 역방향으로 걸어가는 경우를 생각해 보자. 무빙워크의 진행 방향과 반대 방향으로 1.3m/s 속도로 걸어간다면 0.7 - 1.3 = -0.6m/s로 이동하게 된다. 즉 무빙워크가 이동하는 방향과 반대 방향으로 나아가는 셈이다.

운동하는 물체 위에서 운동하는 물체의 속도는 독립적으로 움직이는 각 물체의 속도를 합친 값이다.

힘과 마찬가지로 속도도 벡터이므로 힘의 평행사변형으로 힘을 합성할 수 있는 것처럼(44쪽), 속도의 평행사변형으로는 속도를 합성할 수 있다.

예를 들어 초속 1m로 동쪽으로 흐르는 강에서, 북쪽(동쪽의 직각)을 향해 초속 1m로 노를 젓는 보트를 강기슭에서 지켜본다고 하자. 보트는 1.4m/s의 속도로 북동쪽으로 향하고 있음을 알 수 있다.

[그림 5] ● 속도의 덧셈법 (합성 속도)

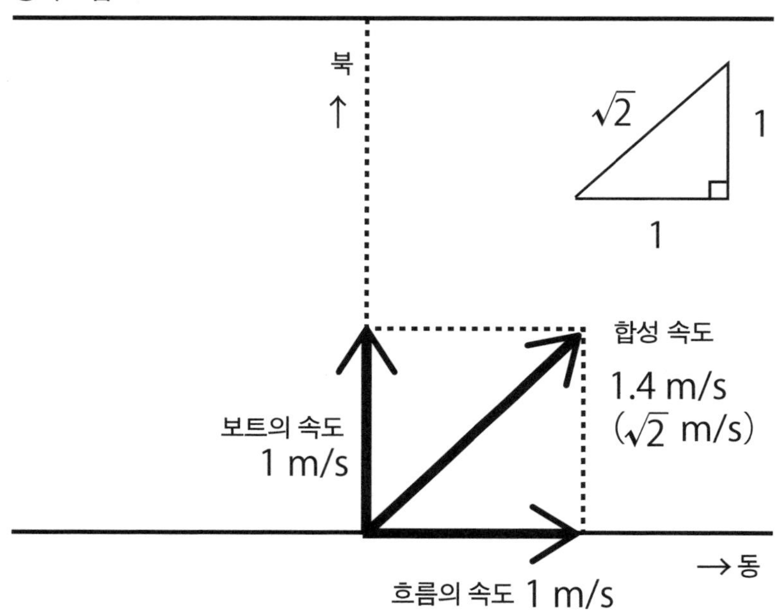

● 속도가 변하는 운동을 나타내는 가속도

속도가 변하는 방법은 가속도로 표현한다.

가속도는 1초 동안 속도(초당 미터)가 얼마나 변화하는지 나타내고 속도 변화를 걸린 시간(초)으로 나누어 계산한다. 초당 미터는 초당 속도가 어떻게 변화하는지(1초당 속도 변화) 나타내므로 가속도의 크기는 미터 매초 제곱(m/s^2)이라는 단위로 표시한다.

$$\text{가속도}\ (\mathrm{m/s^2}) = \frac{\text{속도변화}(\mathrm{m/s})}{\text{걸린시간}(\mathrm{s})}$$

속도의 변화는 걸린 시간의 마지막 속도에서 처음 속도를 뺀다. 일반적으로 시시각각 가속도가 변하기 때문에 속도 변화의 결과값은 평균 가속도가 된다.

대단히 짧은 시간(순간)의 평균 가속도는 순간 가속도와 유사하다.

● 가속도 수치의 예

우리 주변에 있는 물체의 가속도를 살펴보자.

일본의 고속열차 신칸센이 발차할 때의 가속도는 약 $0.5\mathrm{m/s^2}$이다.

고속도로로 진입하는 자전거는 $1\mathrm{m/s^2}$ 정도다.

자동차가 급브레이크를 밟았을 때의 크기는 약 $-5\mathrm{m/s^2}$이다.

비행기가 이륙할 때는 약 $5\mathrm{m/s^2}$이다.

낙하하는 물체의 가속도는 9.8m/s이다. 이것은 중력 가속도라고 한다.

● 등가속도 직선운동이란?

그림 6은 정지하고 있던 열차가 일직선상의 레일에서 점점 속도

를 내며 달리다가 18m/s가 되었을 때 등속 운동을 하면서 달리고 어느 시점에 브레이크를 밟아서 속도를 줄이는 모습을 나타낸 v-t 그래프다.

이 v-t 그래프처럼 그래프가 직선이 되는 운동이 있다.

정지 상태(속도가 0)에서 출발했을 때는 원점에서 시작하는 직선이 되므로 수학적으로 '비례' 관계가 성립한다.

v-t 그래프의 직선의 기울기는 일정한 시간 내의 속도 변화를 경과 시간으로 나누어 구할 수 있다. 즉 직선의 기울기는 가속도를 나타낸다. 그림을 보면 일정한 비율로 속도가 증가하고 가속도는 일정하다는 의미이다. 일정한 가속도로 직진하는 운동을 등가속도 직선운동이라고 한다.

[그림 6] ● 속도 변화를 나타내는 v-t 그래프

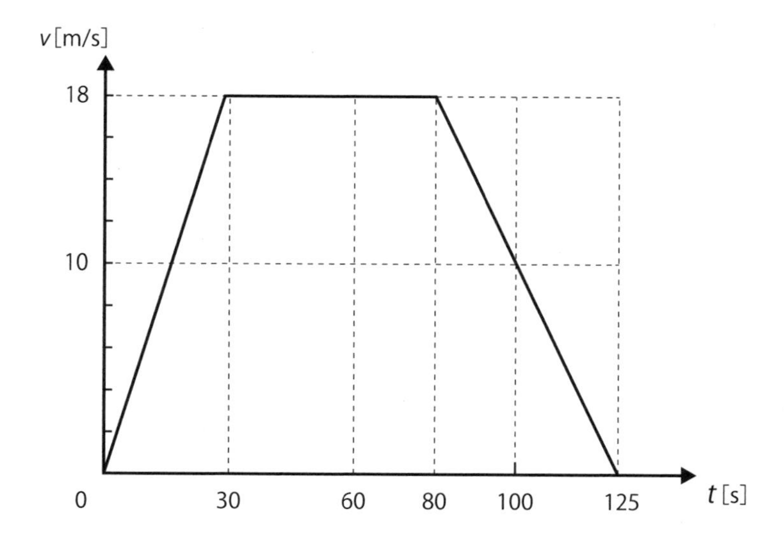

v-t 그래프의 기울기가 클수록 가속도가 크고 기울기가 0일 때는 가속도도 0이 된다. 가속도 0은 속도가 변하지 않는다는 뜻이므로 등속 직선 운동이다.

● 플러스 가속도와 마이너스 가속도

속도가 점점 커지는 경우, 즉 v-t 그래프에서 속도가 커질 때는 플러스 가속도, 속도가 점점 작아질 때는 마이너스 가속도가 된다.

플러스 가속도는 열차나 자동차의 발진, 제트기 이륙, 로켓 발사 등에서 발생한다. 마이너스 가속도는 달리는 열차나 자동차가 브레이크를 밟아서 멈출 때 등에 발생한다.

[그림 7] ● 등가속도 직선운동을 나타내는 v-t 그래프

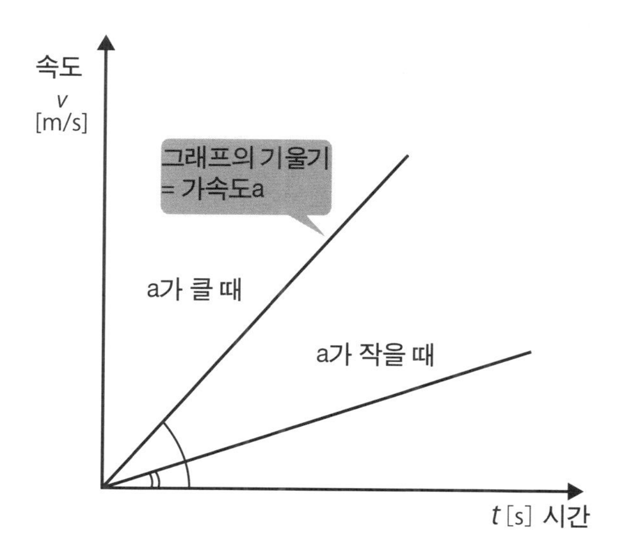

● **등가속도 직선운동을 식으로 나타내면?**

처음 속도인 V_0에서 t초 후에 속도 V로 변화했을 때의 가속도 a는 다음과 같다.

$$가속도a\ (m/s^2) = \frac{t초\ 후에\ 속도\ V(m/s) - 처음\ 속도V_0(m/s)}{시간t(s)}$$

처음에는 정지한 상태이므로 속도는 0m/s이다. t(s)초 후의 속도는 v(m/s)인 등가속도 직선운동에 관해 생각해보자. 이때 v-t 그래프는 그림 7과 같다.

이 운동의 가속도를 a(m/s²)라고 하면 처음 속도 V_0은 0이므로 다음과 같이 가속도를 나타낼 수 있다.

$$a = \frac{v}{t}$$

그러면 속도는 이렇게 된다.

$$v = at$$

처음 속도를 0이 아니라 V_0(m/s)라고 하면 다음과 같다.

$$V = V_0 + at \cdots\cdots ①$$

[그림 8]

● 등속도운동의 이동 거리

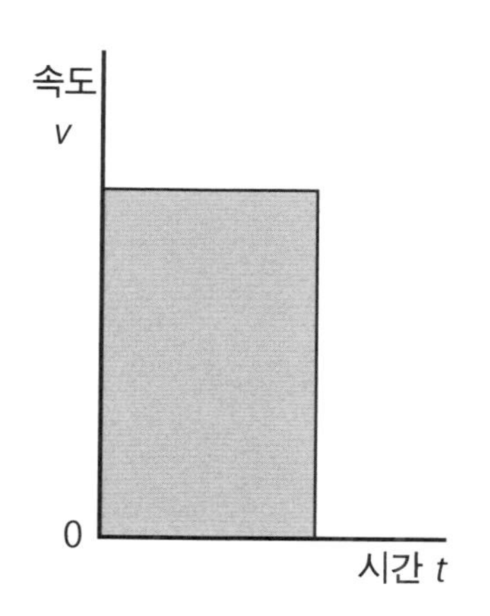

[그림 9]

● 등가속도운동의 이동 거리

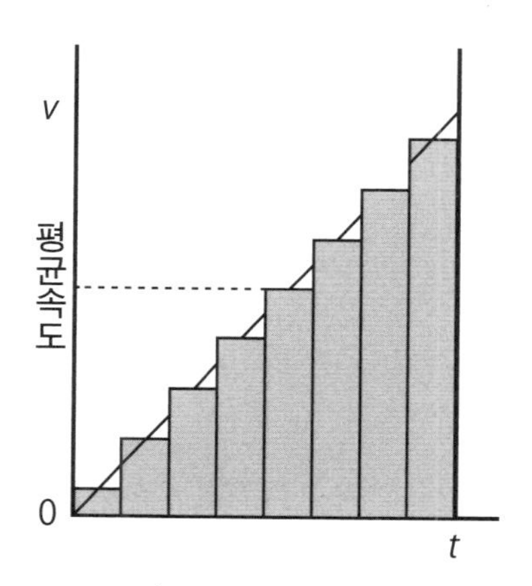

v-t 그래프에서 등속도 운동의 경우 23쪽에서도 설명했듯이 '거리 x = vt'가 된다. 이 이동 거리는 그림 8처럼 v-t 그래프의 사각 면적에 해당한다.

등가속도운동은 속도가 시간과 함께 변화하기 때문에 짧은 시간 시간별로 별도 사각형의 면적을 구해서 그 면적을 더해야 한다. 물론 속도는 들쭉날쭉 변하지 않고 매끄럽게 연속적으로 증가하므로 속도 변화는 그래프의 직선 부분처럼 표시된다.

그 결과 등가속도운동일 때 움직인 거리는 그림 9의 삼각형 면적이 된다.

$$X = \text{평균속도} \times \text{시간} = \left(\frac{1}{2}v\right) \times t = \left(\frac{1}{2}at\right) \times t = \frac{1}{2}at^2$$

속도 V_0으로 등속 직선 운동을 했을 경우의 이동 거리에 등가속도운동으로 추가로 나아간 $\frac{1}{2}at^2$을 더하면 다음과 같다.

$$x = v_0t + \frac{1}{2}at^2 \quad \cdots\cdots ②$$

①과 ②의 두 식에서 t를 없애보자.

먼저 ①에서,

$$\frac{v-v_0}{a} = t$$

가 된다. 이 t를 ②에 대입해서 정리하면 다음 식을 얻을 수 있다.

$$v^2 - v_0^2 = 2ax \quad \cdots\cdots ③$$

이 식은 시간을 포함하지 않은 식이다. 따라서 등가속도운동에 관한 문제에서 시간 t가 주어지지 않았을 때 사용한다.

2. 힘은 어떤 것이고 어떻게 작용할까?

● 힘은 어떨 때 받을까?

우리는 기억력이나 학력 등 단어에 종종 '힘'이라는 뜻의 '력(力)'을 붙여서 사용한다. 과학 분야에서도 화력, 수력, 원자력, 전력 등 여러 가지 용어에서 이 글자가 쓰인다.

나중에 배우겠지만 화력, 수력, 원자력의 '힘'은 에너지, 전력은 작업률(1초에 얼마나 많은 작업을 할 수 있는가)을 의미한다.

따라서 여기서 배우는 '힘'의 의미를 명확히 해두자.

물리학에서 '힘'은 어떤 한 물체가 눌리거나 당겨질 때 다른 물체와의 사이에 일어나는 상호작용이다.

물리학에서는 다음 두 가지 주요 원인이 되는 것만을 힘으로 규정한다.

물체가 힘을 받으면 다음과 같은 일이 생긴다.

(1) 물체가 변형한다 …… '늘어난다 ←→ 줄어든다', '일그러진다', '뒤틀린다' 등

(2) 물체의 운동하는 모습이 변한다 …… 속력이나 방향성이 변한다.

힘은 물체가 아니며 물체끼리의 상호작용이라서 눈으로 볼 수 없다. 그러므로 외부에 나타난 위와 같은 변화를 보고 상상해서, 즉 머리를 써서 힘을 찾아내야 한다.

● 어떤 힘을 받고 있을까?

어떤 물체에 힘이 작용할 때, 즉 앞의 (1)이나 (2)가 일어났을 때는 반드시 그 물체에 힘을 가해서 누르거나 잡아당기는 다른 물체가 존재한다.

'힘을 받는 물체 A'가 있으면 반드시 상대인 물체 B가 있다. B는 '힘을 가하는' 쪽이지만, B의 관점에서 보면 B는 A로부터 동시에 '힘을 받고 있다'고 할 수 있다.

그러므로 힘을 표현할 때는 '○가 △로부터 눌리는(잡아당겨지는) 힘'이라고 표현하여 두 물체를 명확히 구분해서 생각하면 쉽게 이해할 수 있다(○, △는 물체의 이름).

보통은 물체와 물체가 직접 접촉해 힘을 주고받는다.

물체가 서로 붙어있으면 물체 사이에는 상호작용이 존재한다.

물체가 받는 힘에 대해 생각할 때는 물체에 붙어 있는(접촉한) 다른 물체를 찾아보자.

책상이나 바닥에 있는 물체는 책상이나 바닥에서 수직항력을 받는다. (여기서 수직항력이란 물체가 접촉하고 있는 면이 물체에 대해 수직 윗방향으로 떠받치는 힘을 말한다. 예를 들어 책상 위에 놓인 책에는 중력이 작용한다. 중력만 생각하면 책은 책상을 뚫고 중력이 작용하는 방향인 지구 중심으로 내려가야 하지만 실제로는 그런 일이 일어나지 않는다. 이것은 책상이 중력과 똑같은 크기로 책을 떠받치고 있기 때문이다.)

용수철에 매달린 물체는 탄성력(용수철에서 물체가 밀리거나 당겨지는 힘)을 받는다.

실이나 끈에 매달린 것은, 실이나 끈으로부터 장력(실 등으로부터 끌어당겨지는 힘)을 받는다.

바닥 위를 운동하는 물건은 바닥으로부터 마찰력을 받는다.

공기 중에서 운동하는 것은 공기로부터 공기 저항력을 받는다.

액체 및 기체 중에 있는 것은 액체 및 기체로부터 부력을 받는다.

● 떨어져 있어도 힘을 받는다?

떨어져 있어도 상호작용을 하는 힘이 있다. 예를 들어 다음과 같다.

(1) 지구와 지구상의 물체가 서로 끌어당기는 힘(물체가 받는 중력)

(2) 자석과 자석, 자석과 철에서 작용하는 힘(N과 N, S와 S는 서로 밀어내고 N과 S는 서로 끌어당긴다).

(3) 전기에 작용하는 힘(+와 +, -와 -는 서로 밀어내고 +와 -는 서로 잡아당긴다).

우리는 지구상에 살고 있어서 지구가 잡아당기는 중력에서 벗어나기 어렵다. 그러므로 힘에 관해 생각할 때는 아주 가벼워서 중력을 무시해도 될 때 외에는 항상 중력을 의식해야 한다.

● 힘을 나타내는 화살표는 어떻게 그릴까?

힘은 ① 힘의 크기 ②힘의 방향 ③힘을 받는 점(힘의 작용점)이라는 3가지가 정해지면 결정된다.

그런데 한 점에 이 모든 것을 다 표시할 수는 없다.

따라서 힘을 설명하기 위해 힘이 작용하는 지점에서 화살표를 시작해 힘의 크기에 비례하여 길이를 그린다. 화살표의 방향은 힘의 방향을 나타낸다. 작용점을 지나 힘의 방향으로 그은 직선을 작용선이라고 한다.

힘의 화살표를 그릴 때는 지금 자신이 무엇(어떤 물체)이 받는 힘을 그리는지에 초점을 맞추고 '힘을 받는' 물체에 작용점을 찍는다. '무엇이 무엇에 눌려(잡아당겨져) 있는 힘'인지 명확히 하는 것이 중요하다. 힘에 관한 문제에 도전할 때는 힘의 화살표를 그리면서 문제를 풀어보자.

[그림 10] ● 물체가 받는 힘

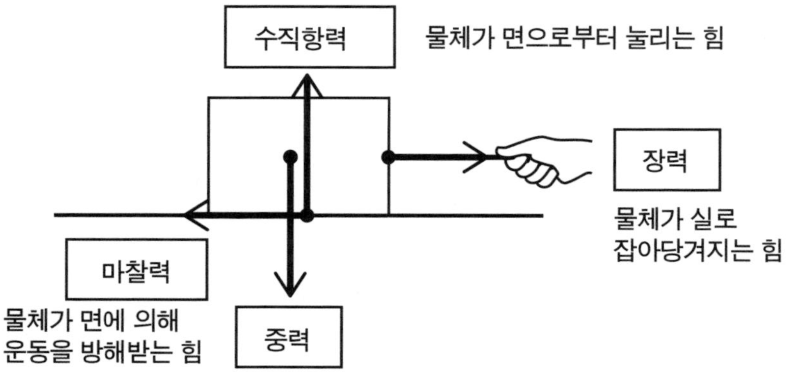

수직항력
물체가 면으로부터 눌리는 힘
장력
물체가 실로 잡아당겨지는 힘
마찰력
물체가 면에 의해 운동을 방해받는 힘
중력

[그림 11] ● 중력: 지구상의 물체가 지구의 중심을 향해 당겨지는 힘

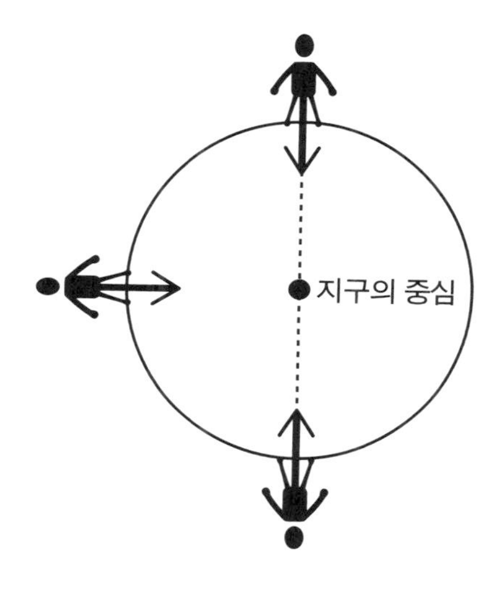

[그림 12] ● 힘의 화살표

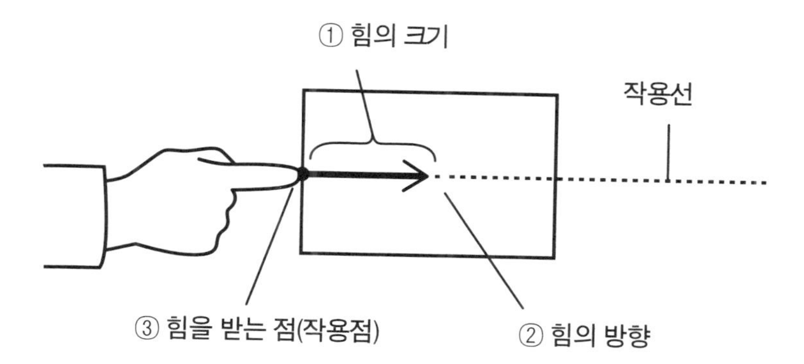

● 힘의 단위 뉴턴이란?

힘의 크기를 나타내는 단위를 N(뉴턴)이라고 한다. 예전의 중학교 과학 교과서에는 그램중(gf)이나 킬로그램중(kgf)을 힘의 단위로 사용했는데 2002년도부터 뉴턴으로 전환되었다. (한국도 공식적으로 N을 힘의 단위로 표기하지만, 부수적인 개념을 설명할 때 gf와 kgf를 병용하기도 한다.)

지구에서 질량 1kg인 물체의 중량(물체가 받는 중력의 크기)은 약 9.8N이다. 1N은 약 100g인 단일 망간전지 1개의 중량 정도다.

이를 정확히 나타내자면 '물체의 중량 = 9.8 N/kg × 질량 kg'이다.

따라서 질량이 100g(=0.1kg)인 물체의 질량은 9.8N/kg × 0.1kg = 0.98N이다.

지구상의 물체는 반드시 지구의 중심방향으로(아래쪽으로) 중력을 받는다. 그러므로 물체에 가해지는 중력은 물체의 중심에서 아래쪽을 향하는 힘의 화살표로 표현한다.

지구에 사는 인간은 중력을 받지만 그와 동시에 인간도 지구를 잡아당긴다. 체중이 60kg인 사람은 지구를 약 600N으로 잡아당긴다. 하지만 지구가 대단히 무거워서 그 정도 힘으로는 꿈쩍도 하지 않는 것이다. 우리는 지구가 우리를 잡아당기기 때문에 높은 곳에서 낮은 곳으로 떨어진다는 점을 알고 있다. 하지만 우리가 지구를 잡아당기고 있다는 것은 좀처럼 의식하지 못한다.

● 상대를 밀면 나는 어떻게 될까?

가까이에 있는 물체(예를 들어 책상)를 손가락으로 눌러보자. 손가락이 그 물체에 의해 뒤로 밀리지 않고 누를 수 있을까? 아무리 가볍게 눌러도 손가락은 뒤로 밀린다. 반드시 '밀면 밀리고' '잡아당기면 잡아당겨진다'.

이것을 작용 반작용의 법칙이라고 한다.

작용 반작용의 법칙은 다음과 같이 요약할 수 있다.

(1) 물체와 물체는 서로 힘을 주고받는다. 상대로부터 힘을 받지 않고 상대에게 일방적으로 힘을 가할 수는 없다.
(2) 작용과 반작용은 서로 반대 방향이며 그 크기는 항상 같다.

'밀면 밀린다'에서 '미는 것'과 '밀리는 것'은 동시에 일어난다.

또 힘의 방향은 반대 방향이며 크기는 같다.

물체 A와 물체 B가 있을 때 A는 B에게 힘을 받는 동시에 B에게 힘을 가한다는 뜻이다. 힘은 항상 쌍을 이루어 작용한다.

물체 사이에 힘이 발생할 때는 언제나 작용 반작용의 관계가 성립한다.

우리가 길을 걸어갈 때를 생각해 보자. 발은 땅을 뒤쪽으로 밀면서 움직이는데 그와 동시에 땅으로 밀리면서 전진한다.

자동차 바퀴가 도로를 뒤쪽으로 밀 때는 도로에 의해 같은 크기의 힘으로 밀린다. 이 힘으로 자동차는 앞으로 나아갈 수 있다.

두 사람이 싸움을 하다가 한 사람이 상대방의 머리를 때렸다고 하자. 머리가 손으로부터 받는 힘과 손이 머리에서 받는 힘은 같은 크기다. 그래서 때린 쪽도 아픔을 느낀다.

[그림 13-1] ● 작용과 반작용 ①　　[그림 13-2] ● 작용과 반작용 ②

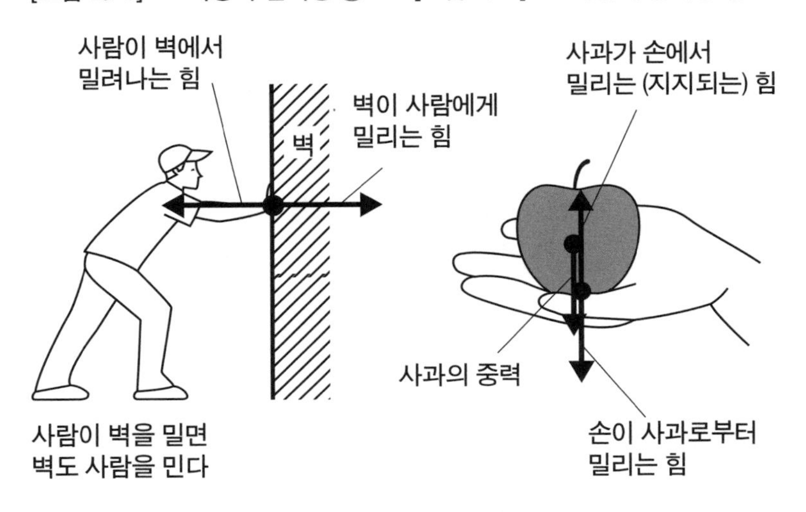

[그림 13-3] 작용과 반작용 ③　　[그림 13-4] 작용과 반작용 ④

추가 용수철에
잡아당겨지는
(지지되는) 힘

용수철이 추에게
잡아당겨지는 힘

추의 중력

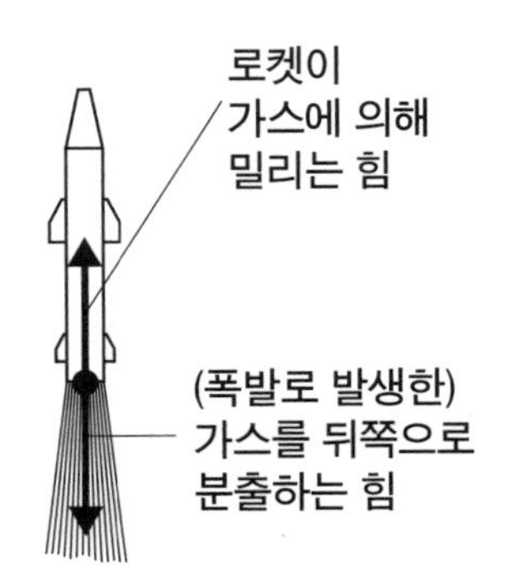

권투를 할 때 손에 글러브를 끼는 이유는 상대방에게 심한 부상을 입히지 않기 위해서만은 아니다. 상대에게 타격을 가하면 자신의 손도 상대에게 같은 힘을 받기 때문에 손을 지키기 위해서다.

풍선을 잡고 있던 손을 놓으면 풍선은 공기를 내뿜으면서 날아간다. 풍선은 내부의 공기를 분사하여 그 반동으로 나아가는 것이다. 로켓도 마찬가지다.

로켓은 연료와 산화제를 반응시켜 많은 양의 연소 가스를 고속으로 분사하여 그 반동으로 나아간다. 연소 가스는 로켓을 진행 방향으로 밀고 로켓은 연소 가스를 뒤로 밀어낸다. 공기는 로켓의 추진력과 아무 관계가 없으므로 공기가 없는 진공 상태에서도 날 수 있다.

권총을 쏘면 그 반동으로 총이 뒤로 밀리기 때문에 총기를 꼭 잡고 몸으로 그 반동을 받아들여야 한다.

작용과 반작용의 법칙은 사물이 정지되어 있어도 움직이고 있어도 성립한다.

대형 덤프트럭과 소형 승용차가 정면으로 충돌할 때도 마찬가지다. 두 차가 충돌했을 때 덤프트럭이 소형 승용차에서 받는 힘과 소형 승용차가 대형 덤프에서 받는 힘은 같은 크기다. 힘의 크기는 같지만, 대형 덤프는 그 힘에 별로 영향을 받지 않고 소형 승용차는 크게 파손된다.

● 작용 반작용과 힘의 평형은 어떻게 다를까?

작용 반작용과 힘의 평형은, '서로 반대 방향으로 작용하며 크기가 같다'라는 점에만 주목하면 헷갈리기 쉽다.

여기서 중요한 것은 힘이 가해지는 대상의 차이이다. '작용과 반작용'에서 쌍으로 나타나는 힘은 '2개의 대상물'에 서로 작용한다.

반면 '힘의 평형'에는 '하나의 대상'에 두 힘이 더해진다.

[그림 14] ● 작용 반작용과 '평형'은 어떻게 다를까?

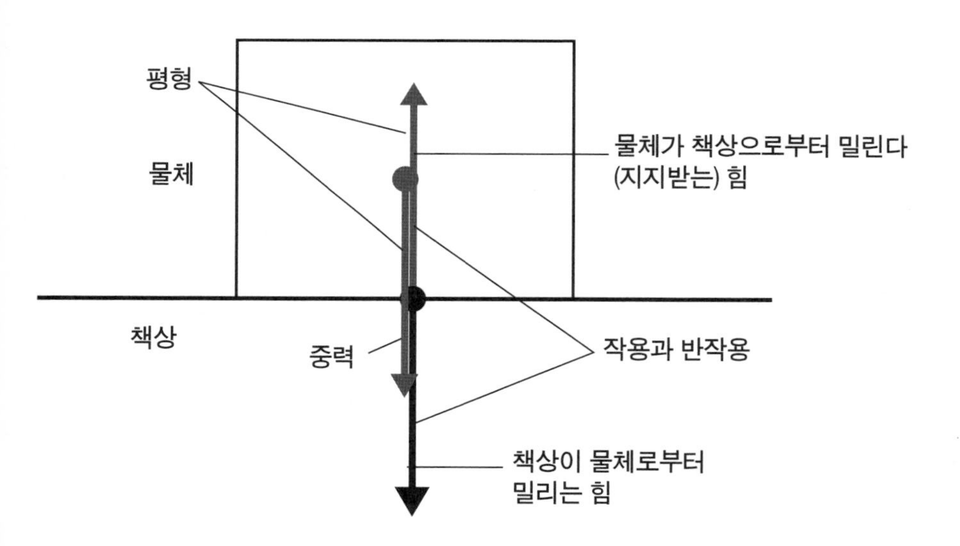

· 작용과 반작용은 물체와 책상이라는 두 사물이 받는 힘
· '평형'은 물체만 받는 힘

● 2개 이상의 힘을 하나로 합치거나 1개의 힘을 나눌 수 있을까?

정지해 있는 어떤 물체에 힘을 가해도 그 물체가 움직이지 않을 경우는 반대 방향으로 같은 크기의 힘을 받고 있을 때이다.

이때 두 힘은 평형을 이룬다.

정지한 물체에 힘을 가했는데 움직이기 시작했다면 그 물체는 1개의 힘을 받고 있다. 또는 두 개 이상의 힘이 작용하지만 물체가 움직이는 방향으로 받는 힘이 더 크다.

끈이나 용수철에 매달려 정지한 물체에는 끈이나 용수철이 중력과 물체를 잡아당기는 2개의 힘을 가하기 때문에 힘이 평형을 이룬다.

두 힘을 두 변으로 하는 평행사변형을 만들고 작용점으로부터 대각선을 그으면 대각선의 힘은 두 힘의 합성력(두 힘을 합성해 하나로 묶은 힘)이 된다(그림15).

이것을 힘의 평행사변형 법칙이라고 한다. 이 법칙은 힘이 벡터이기 때문에 성립한다.

● 2개 이상의 힘을 나누거나 합성한다

[그림 15] ● 두 힘의 합성력을 구하는 법

① 두 힘, F_1, F_2를 두 변으로 하는 평행사변형을 그린다.

② F_1, F_2의 작용점에서 평행사변형의 대각선을 그린다.

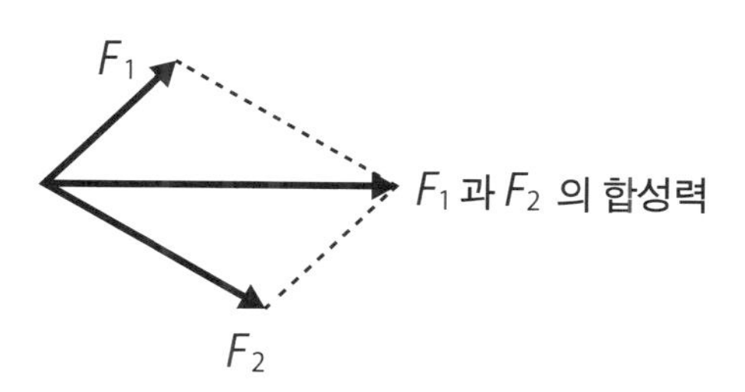

[그림 16] ● 분력을 구하는 법

① 분력의 방향을 정한다. ② 평행사변형을 만든다. ① 분력을 긋는다.

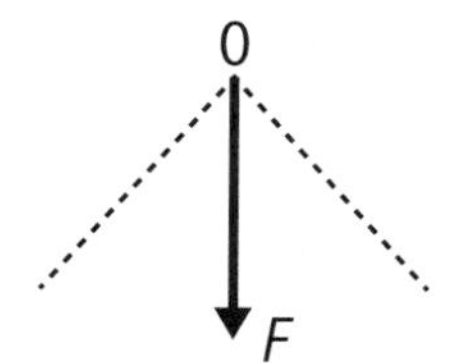

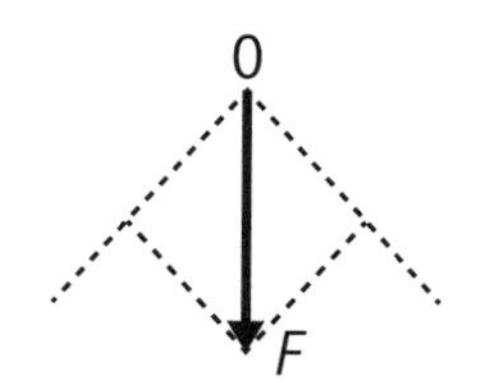

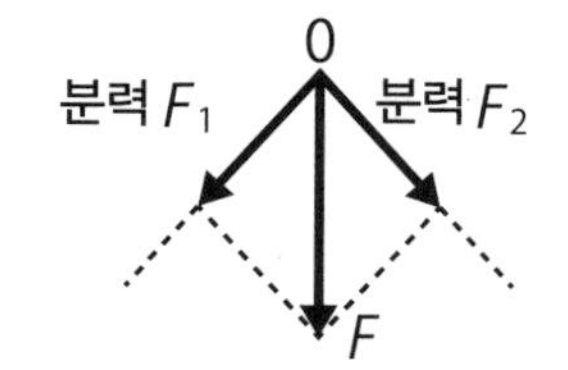

[그림 17] ● 같은 힘에 대한 분력은 무수히 많다

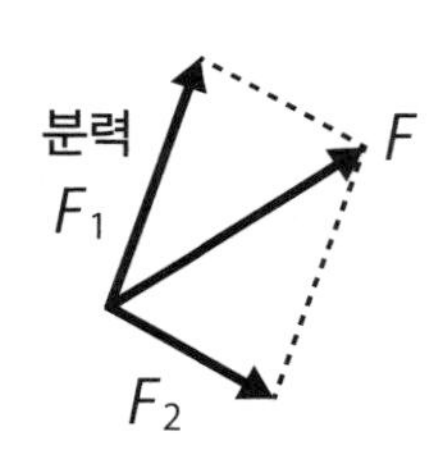

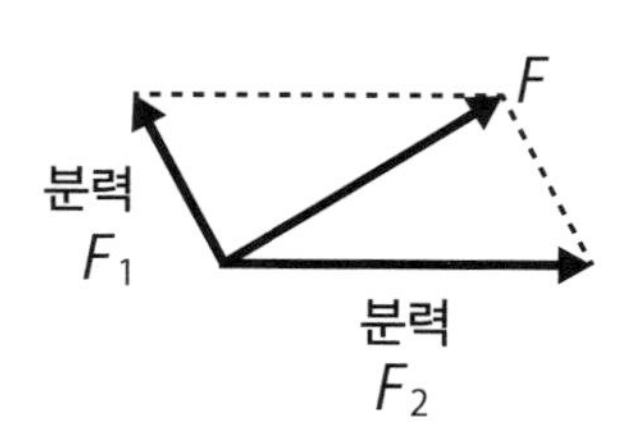

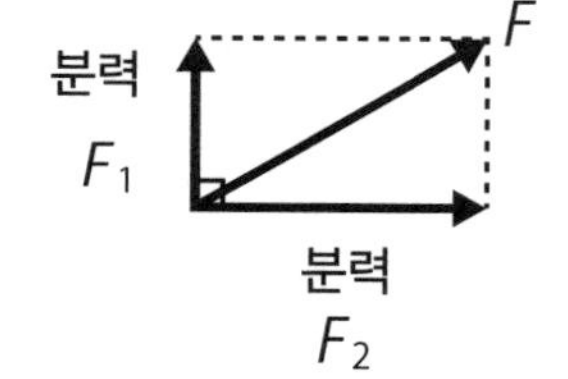

[그림 18] ● 세 힘의 평형 (예)

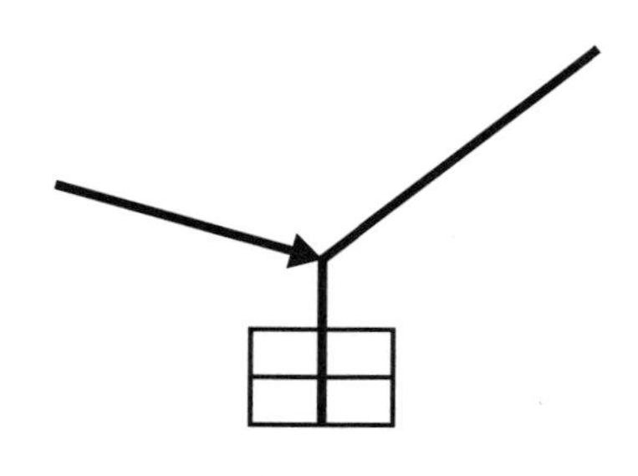

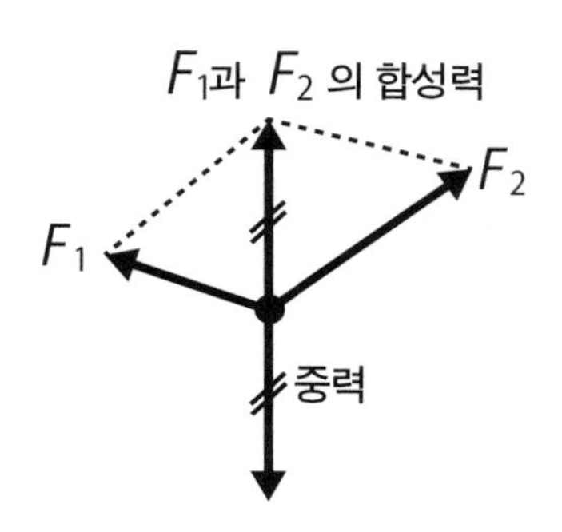

각도가 0일 때, 즉 두 힘이 같은 직선상에서 같은 방향일 때는 두 힘을 더할 수 있다.

하나의 힘을 2개의 힘으로 나눌 수도 있다. 이것을 힘의 분해라 하며, 분해에 의해 생긴 두 힘을 분력이라고 한다(그림 16).

힘의 분해는 힘의 합성과 정반대다. 힘의 합성과 힘의 분해는 힘을 합성할 때는 2개 힘의 합성력은 단 하나이지만, 힘을 분해할 때는 분해 방향에 따라 무수히 많은 분력을 생각할 수 있다는 점이 다르다(그림 17).

전선이 전신주와 전신주 사이에 똑바로 되어 있지 않은 것을 본 적이 있을 것이다. 전선은 항상 완만한 곡선을 그리며 늘어져 있다. 빨래를 너는 빨랫줄도 그렇다.

이것은 일부러 그렇게 한 것이 아니라 저절로 그렇게 된 것이다.

어떤 물체를 서로 다른 두 방향으로 끈으로 매달아 보자. 각각의 끈이 당기는 힘을 F_1, F_2이라고 하자.

물체를 어떤 높이까지 들어 올리고 가만히 있으면 물체에 작용하는 힘은 평형을 이루고 있을 것이다. 이 경우 F_1과 F_2의 합성력은 물체의 중력과 크기는 같고 방향은 반대다(그림18).

물체에 작용하는 3개의 힘이 제각기 다른 방향을 향하고 있어도 그 힘이 평형을 이룬다면 그중 두 힘의 합성력은 나머지 힘과 크기가 같고 방향은 반대다.

F_1과 F_2의 합성력은 매달린 물체의 중력과 같아야 평형을 이룰 수 있다. 각도가 클수록 F_1과 F_2의 힘은 커진다. F_1과 F_2의 힘이 수

평으로 얼마나 크건 상관없이 힘의 합성력은 0이므로 수평이 될 수 없다. 수평으로 하기 전에 끈이 뚝 끊어져 버릴 것이다.

3. 운동의 법칙이란 무엇일까?

● 물체가 가지는 관성과, 관성의 법칙은 무엇일까?

물체는 외부의 힘을 받지 않거나 힘이 평형을 이루면 정지한 것은 정지한 채로 있고 운동하고 있는 것은 등속 직선 운동을 하려는 성질을 가지고 있다(같은 속도로 일직선으로 움직이려 한다). 이 성질을 관성이라고 한다.

'물체는 외부의 힘을 받지 않거나 힘이 평형을 이루면 정지한 물체는 정지한 채로 있고 운동하는 물체는 등속 직선 운동을 하는 것'을 관성의 법칙이라고 한다.

자전거로 페달을 힘차게 밟고 있지만(이것이 바탕이 되어 타이어가 지면을 뒤로 밀기 때문에 타이어는 지면에서 밀려 앞으로 나아간다) 점점 빨라지지 않고 일정한 속도로 나아가는 경우가 많다.

이것은 공기의 저항력과 타이어와 지면 사이에 작용하는 앞 방향의 힘, 마찰력이 타이어가 지면을 뒤로 밀어내는 힘에 대해 평형을 이루기 때문이다.

우리가 사는 곳에는 공기 저항력과 마찰력이 존재하여 힘을 받지 않고 일정한 속도로 계속 움직이는 경우는 거의 볼 수 없다.

그러나 모든 것은 관성을 가지고 있고 관성의 법칙이 성립한다. 마찰과 같은 요인으로 그렇게 보이지 않을 뿐이다.

그런데 지구 밖으로 눈을 돌리면 마찰력이 없는 세상이 있다. 바로 우주 공간이다.

[그림 19] ● 브레이크를 밟으면 마찰력이 작용한다.

· 브레이크를 밟았을 때 마찰력을 받는다.
· 마찰력의 방향은 진행 방향과 반대 방향이다.

우주를 나는 로켓은 지구의 중력권을 탈출하기 위해 연료를 사용하는데 일단 탈출하면 커다란 천체가 가까이에 없을 때는 중력과 공기 저항이 없으므로 관성으로 계속 운동한다. 그리고 목적지인 별에 착륙할 때 역분사한다.

● 전철이나 땅에서 뛰어오른다면?

지금 바로 여기서 뛰어 올라보자. 그러면 다시 같은 장소에 떨어질 것이다.

전철에서 뛰어올랐을 때도 마찬가지다.

[그림 20] ● 지구의 자전

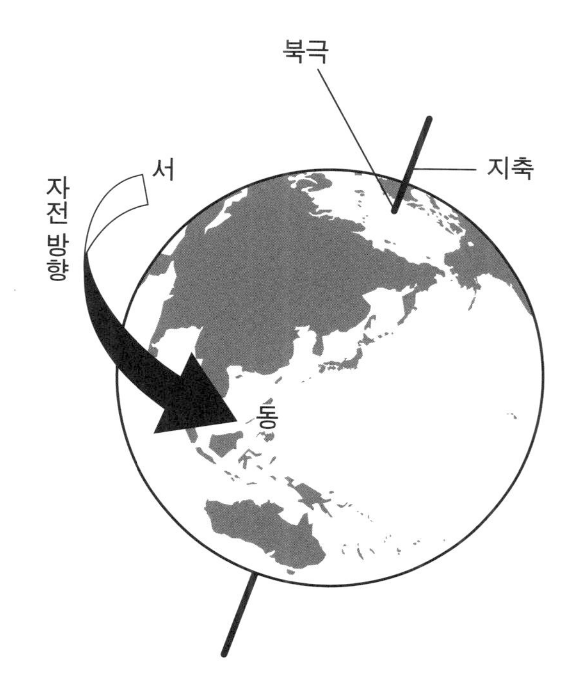

지구는 자전한다. 그 때문에 예를 들어 도쿄에서는 동쪽으로 시속 약 1,400km로 움직인다.

지구의 자전으로 도쿄가 하루에 동쪽으로 돌아서 원래의 장소로 돌아오기까지 움직인 거리는 약 33,000km다. 하루는 24시간이므로 속력을 구하면 다음과 같다. 시속 1,400km는 이렇게 산출한다.

33,000km ÷ 24시간 ≒ 1,400km/시

도쿄 부근에 사는 사람은 지구호의 승조원으로서 시속 1,400km를 체험하고 있는 셈이다.

그렇다면 땅에서 바로 위로 뛰어오른다면 어떤 곳에 착지할까?

공기 저항을 무시한다면 4.9m 낙하하는 데 1초 걸린다. 시속 1,400km는 초속 약 400m이므로 4.9m 낙하하여 서쪽으로 400m 정도 이동할 수 있다는 말이다.

하지만 실제로는 아무리 낙하를 거듭해도 자신이 뛰어오른 그 장소에 착지한다.

뛰어올랐을 때도 최고점에 도달한 뒤 착지하기까지도 우리는 지구의 자전 속도인 시속 1,400km(도쿄)로 함께 움직이기 때문이다. 뛰어오르기 전에 지구와 함께 움직이던 속도를 뛰어오른 뒤에도 유지하는 것이다.

앞서 말했듯이 물체는 관성을 갖고 있으므로 모든 물체는 외부의 힘을 받지 않거나 받아도 그 힘을 더했을 때 0(합성력이 0)이라면 정지 상태를 유지하거나 일정한 속도로 운동을 계속한다(관성의 법칙).

전철 안에서도 지구상에서도 우주 로켓이 운동하는 우주 공간에서도 관성의 법칙이 작용한다.

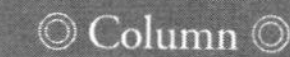

관성을 이용해 삶은 달걀과 날달걀을 구별한다.

달걀에 상처를 내지 않고 달걀을 세우려면 팽이처럼 회전시키면 된다. 달걀을 평평한 접시에 놓고 두 손가락으로 돌리는 것이다.
그런데 이 방법으로 달걀을 세울 수 있는 것은 삶은 달걀만이다. 삶은 달걀은 뾰족하지 않은 쪽뿐 아니라 뾰족한 쪽도 쓰러지지 않고 어느 정도 빙글빙글 돈다.

[그림 21] ● 날달걀을 돌리면……

날달걀은 삶은 달걀보다 훨씬 돌리기 힘들다. 껍질 안이 유동체이기 때문이다. 정지한 유동체는 회전시키려고 해도 계속 정지해 있으려는 관성 때문에 껍질의 움직임을 제어하는 역할을 한다. 삶은 달걀은 날달걀보다 훨씬 빠르고 오래 회전한다. 이것을 보면 삶은 달걀과 날달걀을 구별할 수 있다.
또 회전하는 달걀에 손가락을 대서 멈추게 한 다음 손가락을 떼면 삶은 달걀은 그대로 정지해 있지만 날달걀은 몇 바퀴 회전한다. 손가락으로 껍질을 눌러서 멈추게 해도 알맹이가 관성에 의해 움직이기 때문이다.

● 실제 생활에서 운동하는 물체는 결국 멈추는데?

우리 생활을 실제로 잘 살펴보면 물체를 계속 움직이게 하려면 힘이 필요하고, 힘을 받지 않는 것은 결국 멈춘다.

이것은 물체가 아무 힘도 받지 않거나 합성력이 0인 상태가 거의 없기 때문이다. 지구상에 물체는 지구로부터 아래 방향의 중력을 받고, 공기 중에서는 공기 저항도 받는다. 또 면과 물체 사이에는 마찰이 작용한다.

예를 들어 책상을 손으로 밀다가 멈추면 책상은 더 이상 움직이지 않는다. 이것은 책상다리와 바닥 사이의 마찰력이 책상이 이동하는 것을 멈추게 하기 때문이다. 바퀴를 달아서 책상이 받는 마찰력을 줄이면 책상은 한동안 계속 움직인다. 또한 책상다리와 바닥의 마찰이나 공기 저항을 없앨 수 있다면, 책상을 밀어서 속도를 가하면 그 속도로 언제까지나 움직일 것이다. 그러나 면의 마찰과 공기 저항을 완전히 없애기란 어려운 일이다.

즉 우리 생활에서는 '물체가 그 움직임을 멈추게 하는 여러 가지 힘을 받아서 멈추어버리는' 상태만 보기 때문에 관성의 법칙을 의식하지 못하는 것이다. 하지만 눈에 보이지 않을 뿐이지 우리 생활에서 관성의 법칙은 엄연히 작용하고 있다.

예를 들어 '뛰어들지 마라. 차는 갑자기 멈출 수 없다'는 자동차의 관성을 잘 표현한 말이다.

또 전철과 버스가 급발진을 하면 승객은 뒤로 넘어질 것 같은 상태가 된다. 승객은 관성으로 일정한 속도로 멈추어있으려 하지만 전철이나 버스가 일정 속도에서 벗어나 더 앞으로 움직이기 때문이다.

반대로 탈 것이 급정지하면 승객은 앞쪽으로 몸이 쏠린다. 탈 것은 속도로 줄여서 멈추려 하는 때에 승객은 원래의 일정한 속도를 유지하려고 하기 때문이다. 자동차의 경우, 안전띠를 하지 않으면 몸이 핸들이나 앞유리창에 부딪히는 경우가 있다. 또 몸이 차 밖으로 튕겨나가기도 한다. 안전띠가 보급되기 전에는 앞유리창이나 핸들에 얼굴을 세게 부딪쳐 부상을 입은 사고가 종종 있었다.

● 힘을 받고 있지 않거나 힘이 평형을 이룰 때는 어떤 운동을 할까?

마찰이나 공기 등 운동의 저항력이 되는 요소가 없으면 물체는 관성이 작용해 일정한 속도의 운동(등속 직선 운동)을 계속한다.

나는 예전에 공기를 불어 넣어 조금 띄워서 마찰을 줄일 수 있는 호버크래프트(공기부양정)를 만든 적이 있다. 호버크래프트에 사람을 태우고 힘을 약간 주어서 밀자 스르르 앞으로 나아갔다.

지구 밖, 마찰력과 공기가 없는 우주 공간에서는 우주탐사선은 지구의 중력권을 탈출하기 위해 연료를 사용하는데, 지구 중력권에서 완전히 벗어나면 관성에 의해 등속 직선 운동을 계속한다. 위성의 중력을 이용하여 속도를 내거나(스윙바이) 목적지인 별에 착륙할 때 역분사하거나 기체 밖으로 물체를 버리거나 하면 속도가 변한다. 예를 들어 유인우주선에서 소변을 선체 밖에 버리면 즉시 동결하여 무수한 얼음이 되어 흩어지고 그것들이 태양광을 받으면 무지개색으로 반짝반짝 아름다운 빛을 낸다. 만약 우주선 밖으로 던져서 버린다면 질량이 크기 때문에 우주선의 궤도에 크게 영향을 줄 것이다.

우주 공간에 던져진 물체는 끝없이 멀리 가버린다. 실제로 우주선 밖에서 우주비행사가 수리 도구를 놓치자 끝내 회수하지 못했던 사고도 있었다.

◎ Column ◎

탐사선의 속도

지금까지 쏘아올린 탐사선 중 가장 속도가 빨랐던 것은 1974년과 1976년에 발사한 독일(당시 서독)제 '헬리오스' 1호와 2호다. 태양의 모습을 관측하기 위한 이 탐사선은 나사(NASA)가 쏘아올렸다. 헬리오스는 태양에 가장 가까이 다가갔을 때 시속 약 25만 km, 초속으로는 약 70km를 기록했다. 예를 들어 스페이스셔틀의 비행하는 속도는 초속 약 8km다. 소총의 총알이 초속 1km에 미치지 못하는 점을 생각하면 엄청난 속도라고 할 수 있다.

또 현재 비행하는 탐사선 중 가장 속도가 빠른 것은 2006년 1월 19일에 발사한 뉴호라이즌(New Horizons)이다. 초속 15~16km로 나는 뉴호라이즌은 화성을 통과한 시점에서 태양기준의 속도로 초속 21km를 기록했다. 뉴호라이즌은 10년 동안의 여행을 통해 2015년 7월 14일 태양계의 가장자리인 명왕성을 탐사하는 데 성공했다.

탐사선의 속도를 결정하는 데 가장 영향을 끼치는 것은 초기 가속이다. 뉴호라이즌 발사용 로켓의 제1단에 쓰인 아틀라스V에는 보조 부스터가 사상 최대로 많은 5기가 장착되어 단숨에 속도를 내게 했다.

또 NASA는 태양을 탐사할 목적으로 2018년, 파커 솔라 프로브(Parker Solar Probe)라는 무인 태양 탐사선을 발사했다. 2021년 1월 17일 초속 129km라는 신기록을 세운 파커 솔라 프로브는 4월 29일 초속 147km로 다시 새로운 속도 기록을 세웠다. 이는 인간이 만든 모든 물체 가운데 가장 빠른 속도다. 2025년까지 초속 192km라는 엄청난 속도로 태양에서 690만km 지점까지 도달할 것으로 예상

한다. (출처 : https://newatlas.com/space/parker-solar-probe-record-fastest-object/)

● 물체가 힘을 계속 받으면 어떻게 될까?

물체는 외부의 힘을 전혀 받지 않으면 등속 직선 운동을 계속한다. 그렇다면 물체가 힘을 받으면 그 운동은 어떻게 될까?

빨대에 성냥개비를 꽂아 불면 성냥개비가 튀어나온다. 그러면 빨대 1개일 때와 빨대 2개를 연결해서 길게 한 것을 같은 방법으로 불면 어떤 성냥개비가 멀리 날아갈까?

해보면 빨대 2개를 연결해서 길게 만든 빨대의 성냥개비가 훨씬 멀리 날아간다. 빨대가 길수록 그 안에 있는 성냥개비가 호흡의 힘을 받는 시간이 길어진다. 그러면 빨대 안의 속도가 커져서 빨대 출구 부분의 속도도 커진다.

[그림 22] ● 어느 성냥개비가 멀리 날아갈까?

성냥개비를 빨대에 꽂아서 불면…

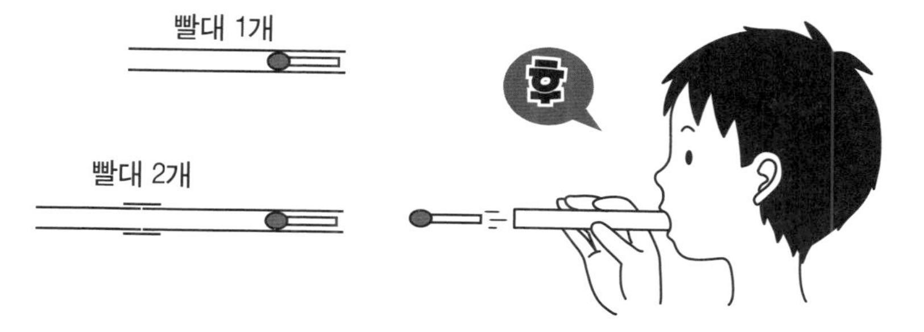

이것은 권총과 소총의 차이로도 보여준다.

권총보다 소총 탄환의 초기 속도가 더 빠르고 멀리 날아간다. 총과 탄환의 종류에 따라 다르지만 권총의 초기 속도는 초속 250~400m, 소총은 800~1,000m이다.

권총보다 소총의 힘 → 가속, 힘 → 가속이 이어지기 때문이다.

이것으로 물체는 힘을 계속 받으면 가속도운동을 한다는 것을 알 수 있다.

● 물체가 받는 힘의 크기와 가속도와의 관계는?

그러면 물체가 받는 힘의 크기가 2배, 3배가 되면 어떻게 될까?

수레에 용수철을 장착하여 그 용수철이 같은 크기로 늘어나 있도록, 즉 같은 크기로 힘을 주어 잡아당기자. 스트로보 사진 등으로 그 움직임을 보면 등가속도운동을 하고 있다.

다음으로 용수철을 2배, 즉 전보다 2배 더 길게 늘리자. 그러면 가속도가 2배가 된다.

힘을 3배로 증가시키면 가속도는 3배로 증가한다.

물체의 가속도는 물체가 받는 힘에 비례한다.

● 물체의 질량과 가속도 사이에 있는 관계는?

낙하운동은 지구 중력이 작용해 속도가 증가하는 운동(가속도운동)이다. 특히 공기 저항이 없고 최초의 속도(초속도)가 0인 상태의 낙하운동을 자유 낙하라고 한다. 자연낙하라고도 한다.

공기 저항력을 무시할 수 있는 경우 물체는 동시에 낙하한다.

학교 과학실험에서 이런 실험을 해본 적이 있을까?

유리관 안에 쇠구슬과 깃털이 있다. 이것을 뒤집으면 쇠구슬은 금방 떨어지지만 깃털은 천천히 떨어진다. 그런데 진공 펌프에 연결해 유리관의 공기를 빼면 쇠구슬과 깃털이 동시에 떨어진다.

질량이 100g인 물체와 그 물체의 10배인 1kg인 물체가 동시에 떨어지는 것이다.

이것은 가속도가 같다는 뜻이다.

가해지는 중력이 10배나 다르므로 중력만 생각하면 100g인 물체보다 1kg인 물체의 가속도가 10배가 커야 한다. 그런데 가속도가 같다는 것은 1kg인 물체에 가해지는 힘에 의한 가속도의 증가폭을 10배 방해하는 '무언가'가 있다는 말이다.

가속을 방해하는 요인은 바로 질량이다. 100g인 물체보다 1kg인 물체가 가속을 10배 방해하므로 두 물체는 동시에 떨어진다.

가속도의 크기는 질량의 크기에 반비례하기 때문이다.

[그림 23] ● 힘이 크면 가속도가 커진다

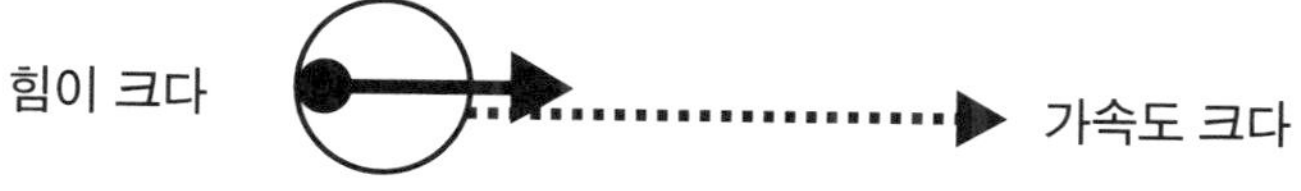

[그림 24] ● 질량이 크면 가속도는 작아진다.

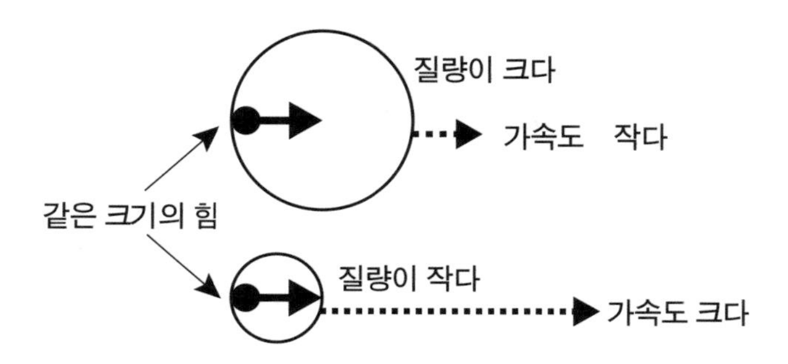

중량이 없는 상태인 우주선 내부에는 100g인 물체와 1kg인 물체가 둘 다 공중에 떠다닌다. 그 물체를 움직이기 위해 밀려면 1kg인 물체에 10배의 힘을 주어야 100g인 물체와 같은 정도로 움직일 수 있다. 따라서 질량은 가속을 방해하려는 성질, 움직이기 어려운 성질로도 규정할 수 있다.

따라서 무중량 상태인 우주선 내부에서 체중(질량)을 재려면 움직이기 어려운 성질을 이용해서 측정한다. 수축된 용수철이 눌릴 때의 힘을 체중으로 변환하면 된다.

● 운동의 제2법칙이란?

운동의 제2법칙은 물체가 힘을 받았을 때 생기는 가속도의 크기는 힘의 크기에 비례하며 그 물체의 질량에 반비례하는 법칙을 말한다.

이것을 뉴턴 운동의 제2법칙이라고 한다.

또 관성의 법칙이 운동의 제1법칙이고 작용 반작용의 법칙이 운동의 제3법칙이다. 운동의 제2법칙을 식으로 나타내면 다음과 같다.

질량 × 가속도 = 힘

m(kg) × a(m/s²) = F(N)

이것을 운동방정식이라고 한다.

● 자유 낙하란 무엇일까?

물체는 항상 수직 아래쪽으로 일정한 중력을 받기 때문에 자유 낙하는 속도의 변화가 일정한 등가속도 직선운동을 한다.

공기의 저항을 무시할 수 있는 경우, 자유 낙하하는 물체의 가속도는 물체 질량과 상관없이 약 $9.8m/s^2$임을 알 수 있다. 27쪽에서도 언급했지만 이 가속도를 중력 가속도라고 한다.

운동방정식 ma = F에서 가속도(a)를 중력 가속도 g(=$9.8m/s^2$), 힘(F)를 중력(W)라고 하면 W = mg

라는 등식이 성립한다.

등가속운동에서는 30~32쪽에 있듯이 속도(v)와 거리(x)는 다음 식으로 구했다.

$$v = v_0 + at \cdots\cdots ①$$

$$x = v_0 t + \frac{1}{2} at^2 \cdots\cdots ②$$

자유 낙하 등의 운동도 등가속도운동이므로 이 식을 이용할 수 있다.

[그림 25] ● 자유 낙하와 중력 가속도

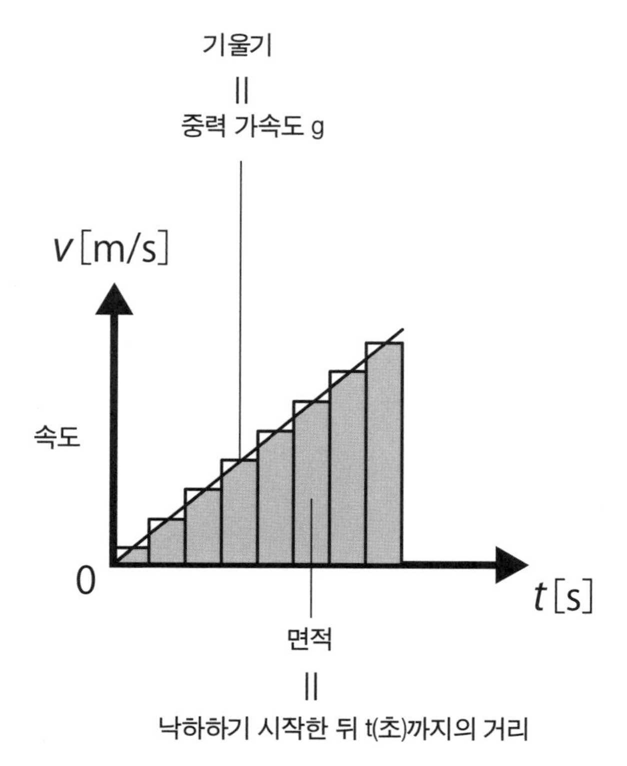

● 자유 낙하의 v-t 그래프는?

자유 낙하는 초기 속도가 0인 낙하운동이다.

자유 낙하에서는 손을 뗀 점을 원점으로 하고 아래쪽으로 떨어지는 낙하 거리를 y라고 한다. 시각 t, 속도 v, 중력 가속도를 g라고 하면 시각 t에서의 속도는 식 ①에서 v_0을 0, a=g라고 하여 다음과 같다.

$$v = gt$$

시각 t에서의 위치(원점에서의 낙하 거리) y는 식 ②에 대입하면 다음과 같은 식이 된다.

$$y = \frac{1}{2}gt^2$$

자유 낙하는 10초에 4,900m 낙하하며 그때의 시속은 약 350km다.

● 유원지의 놀이기구를 생각한다

유원지에는 자유 낙하에 가까운 속도로 급강하하는 프리폴(Free Fall)이라는 놀이기구가 있다. 'Free Fall'은 자유 낙하(물체가 중력의 작용만으로 낙하하는 현상)라는 의미이므로 놀이기구의 성질을 그대로 표현한 이름이라 할 수 있다.

프리폴에도 여러 종류가 있지만 사람이 탄 캡슐을 11층 높이인 약 40m 높이까지 끌어올렸다가 단숨에 떨어뜨리는 유형이 많다.

[그림 26] ● 프리폴을 타고 떨어질 때는……

40m의 자유 낙하를 계산하면 약 2.9초가 걸린다.

속도는 중력 가속도 9.8m/s^{2}에 시간을 곱하면 구할 수 있으며 계산해보면 28m/s가 나온다. 실제로는 공기의 저항으로 인해 마지막 단계에서 속도를 줄이기 때문에 최고시속은 약 90km 정도 나온다.

자유 낙하 중에는 무중량 상태를 체험할 수 있다.

[그림 27] ● 빗방울의 낙하속도는 ……

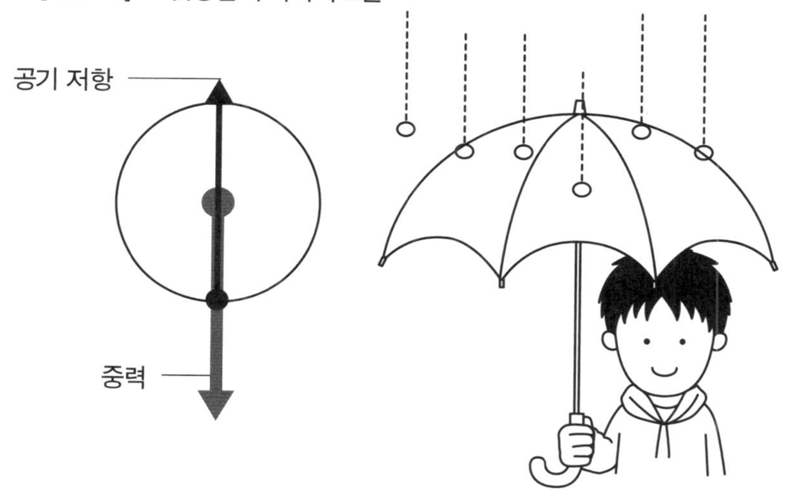

· 빗방울은 처음에는 공기 저항이 0이지만 점차 공기 저항이 커지면서 중력과 같아진다. 그러면서 등속도로 떨어진다'

◎ Column ◎

빗방울은 높은 하늘에서 떨어지는데 왜 빠른 속도로 내리지 않을까?

높은 곳에서 떨어지는 물체를 맞으면 엄청난 충격을 받는다.
빗방울은 하늘 높은 곳에서 떨어진다. 그렇다면 중력이 작용해 엄청난 속도로 떨어져야 하지 않을까?
빗방울은 빗방울이 형성된 직후부터 점차 속도를 내면서 떨어진다. 그에 따라 공기 저항력도 커진다.
어느 시점에서 중력과 공기의 저항력이 같아지는 것이다.
그 이후에는 등속 직선 운동을 하면서 떨어진다. 대체로 빗방울은 초당 1~8m의 속도로 떨어진다.
또 빗방울은 위가 뾰족하고 아래쪽은 둥근 이른바 물방울 모양으로 떨어진다고 생각하겠지만 실제로는 공기의 저항력 때문에 찹쌀떡처럼 약간 옆으로 찌그러진 모양을 하고 있다.

● 물체를 아래쪽으로 던지면 어떻게 될까?

물체를 수직 아래로 던지는 경우를 생각해 보자. 공기의 저항을 무시할 경우, 물체가 손에서 떠난 뒤 물체가 받는 힘은 중력뿐이므로 그 후의 운동은 등가속도 직선운동이 된다.

v-t 그래프에서 수직 아래쪽을 플러스라 하고, 가속도를 a = g라고 하여 등가속도 직선운동 식 ①에 대입하면 다음과 같다.

$$v = v_0 + gt$$

t초 후의 위치(이동 거리) y는 식 ②에 넣으면,

$y = v_0 t + \frac{1}{2} gt^2$ 가 된다.

[그림 28] ● 수직 낙하 운동 ● [그림 29] 낙하하는 v-t 그래프

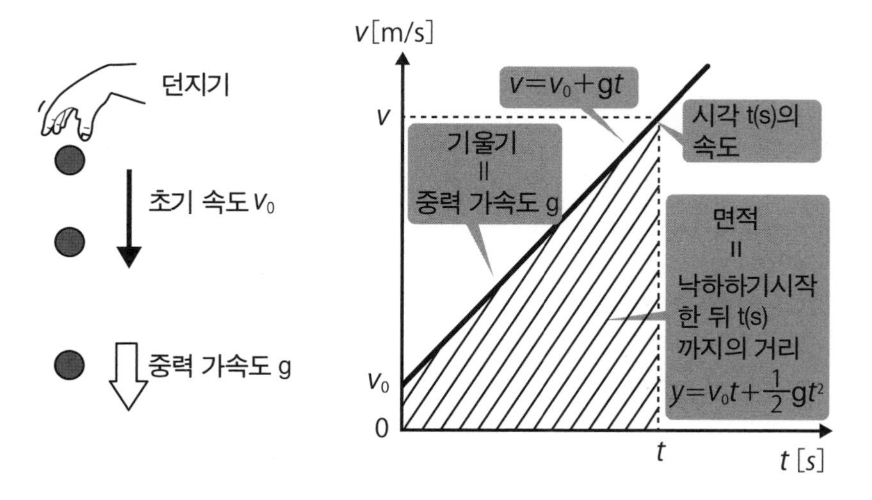

● 물체를 위로 던지면 어떻게 될까?

물체를 위로 던지면 손에서 물체가 떨어졌을 때를 초기 속도 V_0 이라고 하자. 그 뒤 점차 속도가 줄면서 최고점에서 일시적으로 속도가 0이 되고 그 위치에서 자유 낙하와 동일한 운동을 한다.

다시 던져 올린 지점까지 돌아오면 그때의 속도는 빠르기는 같지만 방향은 반대이다.

정확하게 최고점까지 상승할 때의 운동과 최고점에서 떨어지는 낙하운동은 대칭을 이룬다.

물체는 항상 수직 아래쪽의 중력을 받고 있으므로 일정한 크기의 아래쪽을 향한 가속도를 가지는 등가속도 직선운동을 한다.

물체를 똑바로(수직으로) 위로 던지는 경우, 보통은 위쪽 방향을 플러스로 규정한다.

가속도 a = -g(마이너스g)라고 하여 식 ①에 대입하면,

$$v = v_0 - gt$$

가 되고 t초 뒤의 위치 y를 식 ②에 넣으면 다음과 같다.

$$y = v_0 t - \frac{1}{2} g t^2$$

● 포물선 운동의 특징은 무엇일까?

수평 투사(물체를 수평으로 던지는 것)한 공의 운동을 수평방향과 수

직방향으로 나누어 살펴보자.

공기 저항을 무시할 경우, 수평 방향에는 공중에서 물체가 아무 힘도 받지 않는다.

[그림 30] ● **포물선 운동** (날고 있는 공이 받는 힘)

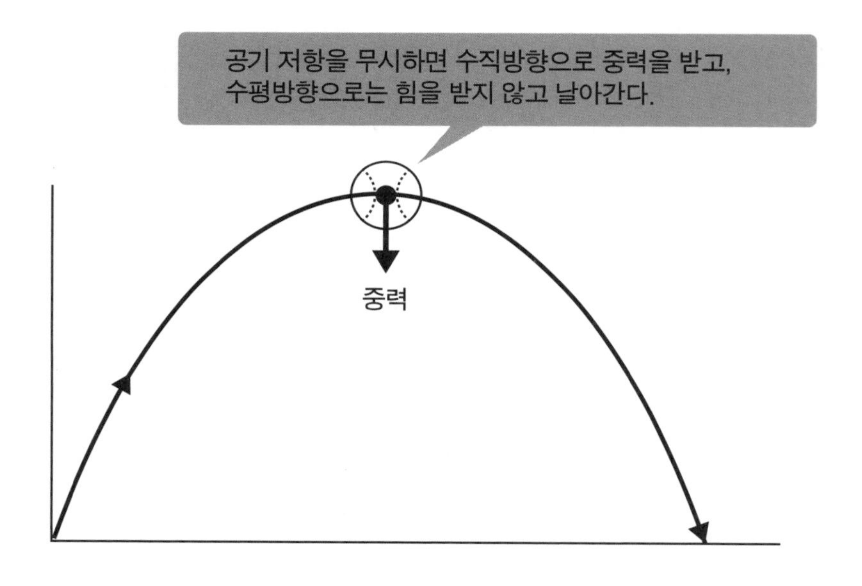

공이 수평으로 이동할 때는 관성의 법칙에 따라 움직인다. 그래서 수평방향의 움직임만 보면 속도는 변하지 않고 등속 직선 운동을 한다.

수직방향으로는 수직 아래쪽으로 중력을 받고 있다. 수직방향에는 자유 낙하와 마찬가지로 중력 가속도를 가진 등가속도 직선운동을 하게 된다.

물체를 비스듬히 위로 던지더라도 물체에 수평 방향으로 힘이 가해지지 않기 때문에 수직방향으로만 중력을 받는다. 따라서 수평으로는 같은 속도로 움직이고 상하 방향으로는 수직으로 물건을 위로 던진 것과 같은 운동을 한다. 그러면 물체가 포물선을 그리며 움직여서 이것을 포물선 운동이라고 한다. 수평 투사도 포물선의 일부라서 포물선 운동에 포함할 수 있다.

또 실제로는 공기 저항이 있으므로 꼭 정확한 포물선을 그리지 않는 경우도 많다.

◎ Column ◎

원숭이 사냥

나무에 매달린 원숭이를 겨누고 총을 발사했다고 하자. 총알이 발사됨과 동시에 원숭이가 손을 놓고 떨어진다면 총알은 원숭이에게 맞을까? 이 원숭이 사냥 문제는 물체의 운동을 생각하는 데 매우 적합한 문제로 물리 시간에 자주 등장한다.
원숭이를 겨눈 총알은 P, A, B, C를 통과하지 않고 P, A′, B′, C′, 이렇게 포물선을 그리며 날아간다. 만약 원숭이가 나무에 매달린 채였다면 총알은 원숭이를 명중하지 못할 것이다.
그런데 원숭이가 총을 쏨과 동시에 손을 놓으면 중력에 의해 가속도가 생기는 운동(자유 낙하 운동)이 작용해 t초 후에는 C-C′ 만큼 떨어진다. 총구에서 발사된 총알도 t초 후에는 마찬가지로 C-C′만큼 낙하한다. 즉 C′점에서 탄환이 원숭이를 명중한다. 명중하기 전에 어느 한쪽이 지면에 닿으면 모를까 총기 조준선상에 있는 원숭이가 발사와 동시에 손을 놓으면 총알의 속도가 빠르건 늦건 상관없이 원숭이를 명중한다.

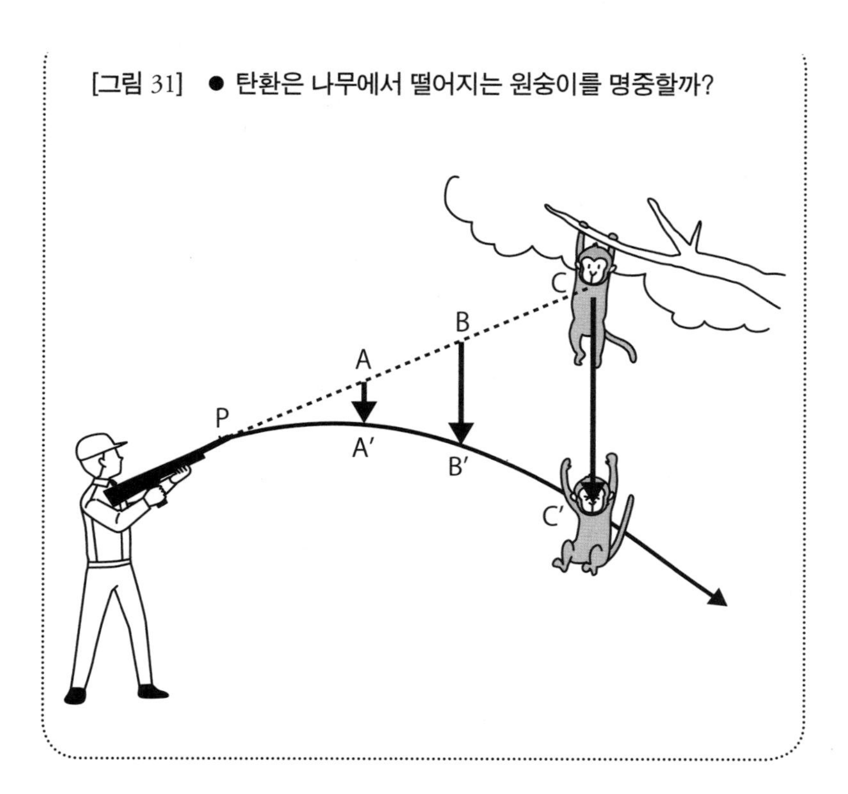
[그림 31] ● 탄환은 나무에서 떨어지는 원숭이를 명중할까?
P
A
B
C
A′
B′
C′

CHAPTER TWO

제 2 장

일 · 열 · 에너지는 어떤 관계가 있을까?

1. 일과 에너지, 열은 줄(J)이라는 단위를 사용해!
2. 위치에너지란 무엇일까?
3. 운동 에너지는 무엇일까?
4. 역학적 에너지는 무엇일까?
5. 온도와 열은 비슷하지만 다르다!
6. 내부 에너지가 무엇일까?
7. 열역학 제1법칙이란 무엇일까?

WARM-UP!

물리에서 말하는 '일'과 우리가 평소에 쓰는 '일'은 어떻게 다를까?

물체에 힘을 주어 그 힘의 방향으로 물체를 이동시키는 경우를 생각해보자. 물리학에서는 그 힘의 크기와 이동한 거리와의 '곱'을 힘이 물체에 가한 일이라고 규정한다.

우리는 평소에 짐을 위로(즉 수직으로) 든 상태에서 일정한 거리를 그대로(즉 수평으로) 이동하면 일을 했다고 생각한다.

그러나 물리에서 말하는 일의 정의에서 생각해보면, 사물이 이동한 방향으로는 힘이 가해지지 않았다. 따라서 물체가 움직인 방향으로 힘이 작용하지 않았으므로, 힘이 물체에 가한 일은 0이 된다.

물체를 수직으로 들고 수평으로 걸어가도
'사람이 한 일은 0'으로 인식한다.

1. 일, 에너지, 열은 줄(J)이라는 단위를 사용해!

● 물리에서 말하는 일의 뜻

물리에서는 물체에 힘을 작용하여 그 힘의 방향으로 물체를 움직였을 때, 힘이 물체에 작용한 일(W)은 그 힘의 크기(F)와 움직인 거리(s)의 곱, 즉 Fs로 정의한다.

즉 W = Fs라고 나타낸다.

여기서 말하는 '일(Work)'은 엄연히 물리 용어다. 그런데 우리는 일상생활에서도 종종 '일'이라는 단어를 사용한다. 이 둘을 혼동하지 않도록 하자.

이 물리학에서의 '일'의 정의에 따르면, 힘의 방향과 수직으로 물체가 움직였을 경우 움직인 방향으로 힘을 받고 있지 않으므로 힘이 물체에 한 일은 0이다.

무거운 물건을 들고 서 있으면 힘들고 지치지만 물건이 움직이지 않았으므로 일은 0이다.

물체에 대해 일을 하는 것은 물체에 작용하는 힘 중 물체의 이동

[그림 32] ● 수평면의 물체를 움직이는 일

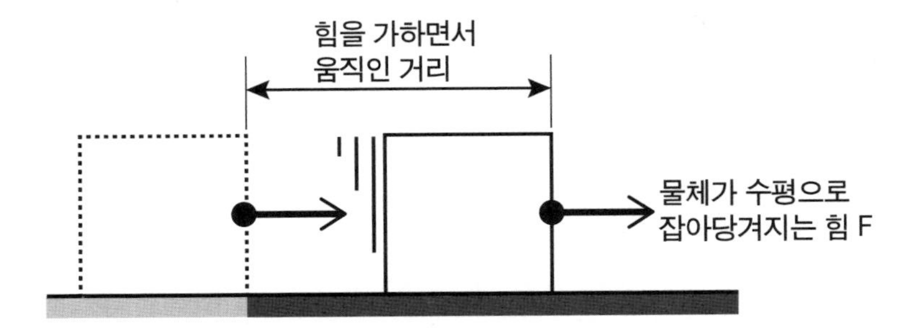

[그림 33] ● 힘을 가해도 일이 아닌 예

[그림 34] ● 힘과 다른 방향으로 이동하는 경우의 일

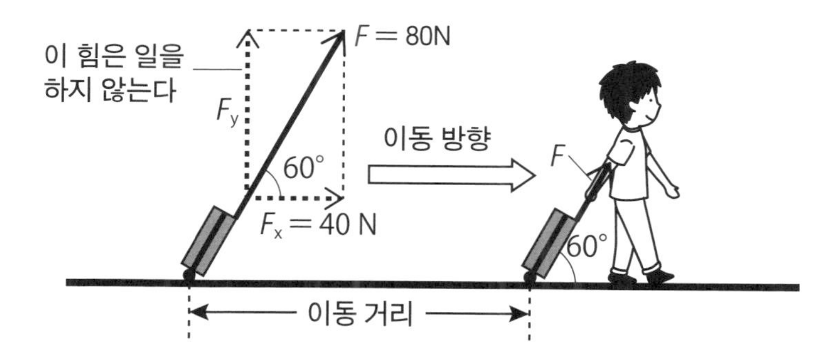

방향과 같은 방향인 성분뿐이다.

일에 작용하는 힘은 이동 방향과 그것과 직각 방향의 성분으로 힘을 분해해서 구한다. 예를 들어 그림 34를 보면, 40N(뉴턴)의 힘으로 물체를 이동 방향으로 끌어당기고 있다. 이때는 그 힘과 이동 거리를 곱해서 일의 양(W)을 구한다.

● 일의 단위는?

일의 크기(일의 양)는 '힘 × 거리'이므로 N · m(뉴턴 미터)로 측정한다. 1N으로 물체를 1m 움직이는 일의 양을 1J(줄)이라고 한다.

단위 J(줄)은 일의 양뿐 아니라 열량(열에너지)과 에너지의 단위로도 쓰인다.

예전에는 열에너지를 칼로리로 표기하는 일이 많았지만 (물 1g의 온도를 1도 올리는 열에너지가 1cal), 지금은 J로 통일되었다. 1cal = 약 4.2J이다.

● 편하게 일해도 일의 양은 같다고?

태곳적부터 인간은 얼마나 편하게, 즉 얼마나 작은 힘으로 일할 수 있는지 연구해왔다. 무거운 물건을 들어 올리기 위해 경사면을 이용하고 지렛대와 도르래라는 도구도 발명했다. 그러면 직접 들어 올리는 것보다 작은 힘으로도 일할 수 있기 때문이다.

30도인 경사면에서는 직접 드는 힘의 절반만 써도 된다. 그러나 손해를 볼 때도 있다.

30도인 경사면에서는 물체를 직접 들어 올릴 때보다 2배 멀리 물체를 이동해야 한다. 도구를 사용하면 힘으로는 득을 보지만 그만큼 거리로 손해를 보기 때문에 결국 일의 양(힘 × 거리)은 변하지 않는다. 이것을 일의 원리(principle of work)라고 한다.

지렛대와 움직도르래(축이 고정되지 않고 이동하는 도르래)도 마찬가지다. 도르래에는 고정 도르래와 움직도르래가 있다. 고정 도르래는 천장에 둥근 바퀴를 고정하고 바퀴에 줄을 감아서 줄의 한쪽에 물체를 걸고 다른 쪽 줄을 잡아당겨서 물체를 원하는 높이까지 움직인다. 고정 도르래로 줄을 당기는 힘의 방향을 바꿀 수 있다. 고정 도르래로는 작은 힘을 크게 할 수 없다. 하지만 움직도르래를 이용하면 직접 들어 올리는 힘의 절반만으로도 물체를 올릴 수 있다. 움직도르래 1개를 이용할 때의 힘은 2분의 1, 2개는 4분의 1, 3개는 8분의 1로 줄어든다. 대신 2배, 4배, 8배의 거리를 움직여야 한다.

● 빨리 일할수록 효율적이다

일의 원리에 따르면 도구를 사용하건 사람이 직접 물체에 대해 일을 하건 일의 크기는 변하지 않는다. 그렇다면 왜 도구를 이용할까?

이것은 일의 효율(일률)과 관계가 있다.

일의 능률은 1초(단위 시간)에 얼마나 일을 할 수 있는지로 나타내면 비교할 수 있다. 이것을 일률(Power)이라고 한다.

사람이 시간을 들여야 겨우 할 수 있는 일도 도구나 기계를 이용하면 힘을 많이 들이지 않고 빨리 작업할 수 있다. 도구를 사용하는 것의 의미는 필요한 일의 크기(양)는 변하지 않지만 일의 능률을 올리는 것에 있다. 만약 일을 완료하는 데 몇 만 년이나 걸린다면 그것은 일을 하지 못한 것이나 다름없기 때문이다.

일의 능률 P는 일의 크기 W를 일하는 데 걸린 시간 t로 나누면 구할 수 있다.

[그림 35] ● 질량 1kg인 물체를 들어 올리는 일과 경사면을 따라 끌어 올리는 일

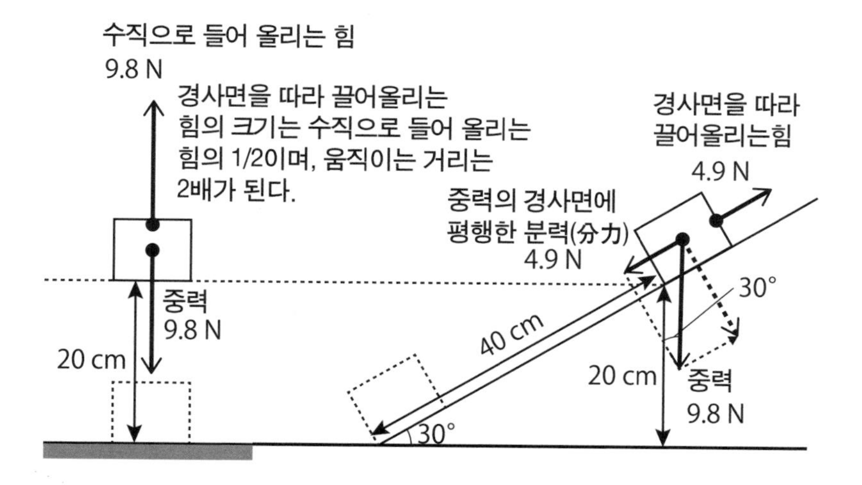

[그림 36] ● 고정 도르래와 움직도르래

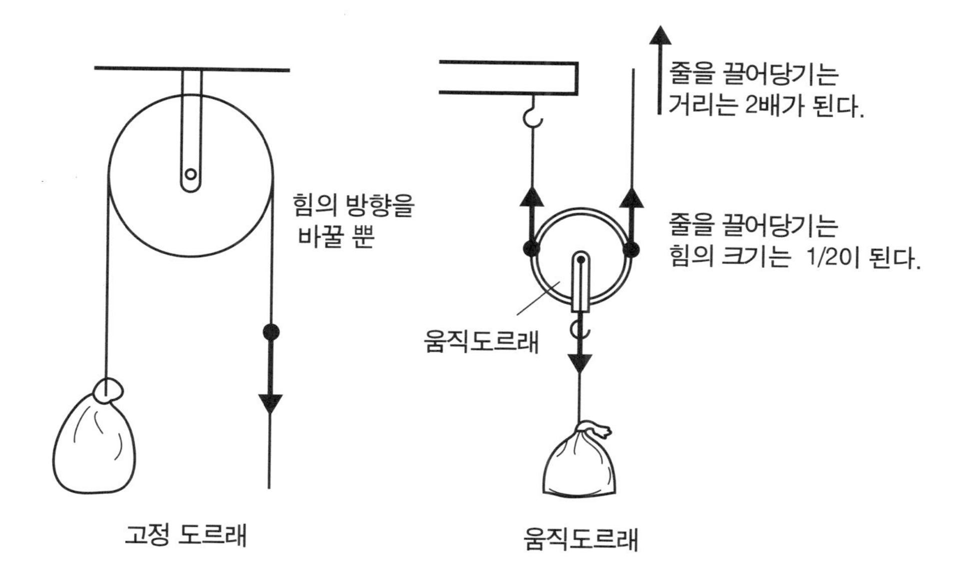

$$P = \frac{W}{t}$$

일률의 단위는 W(와트)다. 1초당 1J(줄)의 일률은 '1초당 1J = 1W(와트)'다.

단위 와트는 가전제품에도 쓰인다. 형광등이나 TV를 구매할 때 와트 수를 확인하곤 하다. 1초당 1J은 1W이므로 1W는 1초에 1N(약 100g에 드는 중력의 크기)이며 1m(=1J) 움직이는 일의 크기다. 100W의 경우 1초에 100N, 즉 약 10kg의 물체를 1m 끌어올리는 일에 해당한다. 이것은 100W 전구를 1초 동안 켜는 것과 같은 크기의 일이다.

일은 열로 변화하므로 1초에 발생하는 열량도 일률로 표시한다.

인간은 하루에 8,400kJ(약 2000kcal)의 음식물을 섭취하여 그 에너지로 살아간다. 하루는 약 86,400초이므로 대략 우리 인간이 발생하는 열은 1초당 100J 정도다.

즉 인간이 한 명 있으면 100W의 전구가 켜져 있는 상태와 같다. 좁은 방에 사람이 많이 있으면 '열기'를 느끼게 되는데 한 명 한 명이 100W 전구처럼 열을 내고 있으니 당연하다 할 수 있다.

2. 위치 에너지란 무엇일까?

● 높은 곳에 있는 물체는 어느 정도의 에너지를 갖고 있을까?

에너지는 그리스어로 일을 의미하는 에르곤(ἔργον)에서 기인하며 다른 물체에 대해 일하는 능력을 가리킨다.

그렇다면 구체적으로 '일하는 능력'이 무엇인지 살펴보자.

땅에 박힌 말뚝에 높은 곳에서 추를 여러 번 떨어뜨리면 말뚝은 점점 땅속으로 밀려들어간다. 말뚝에 주목하면 아래로 내려가는 힘(추에 작용하는 중력)을 받아 땅속으로 밀려들어가기 때문에 말뚝에 일이 가해지는 상태다. 낙하한 추를 원래의 높은 곳(높이 h)까지 올리려면 추에 작용하는 중력 'mg'에 대항하는 힘으로 높이 h까지 이동하기 때문에 'mg × h'만큼의 일을 해야 한다. 높은 곳에 있는 물체는 기준면에 대해 'mgh'라는 일을 할 수 있을 가능성이 있다. 즉 일하는 능력을 갖고 있다.

높은 곳에 있는 물체는 일하는 능력, 즉 에너지를 갖고 있다. 이것을 위치 에너지라고 한다. 물체가 갖고 있는 위치 에너지 Ep는 높이 h가 높을수록 크고, 중력 mg가 클수록 커진다. 단위는 일과 마찬가지로 J이다.

위치 에너지는 다음 식으로 나타낼 수 있다.

$$Ep = mgh$$

[그림 37] ● 높은 곳에 있는 물체는 mgh의 위치 에너지를 갖고 있다.

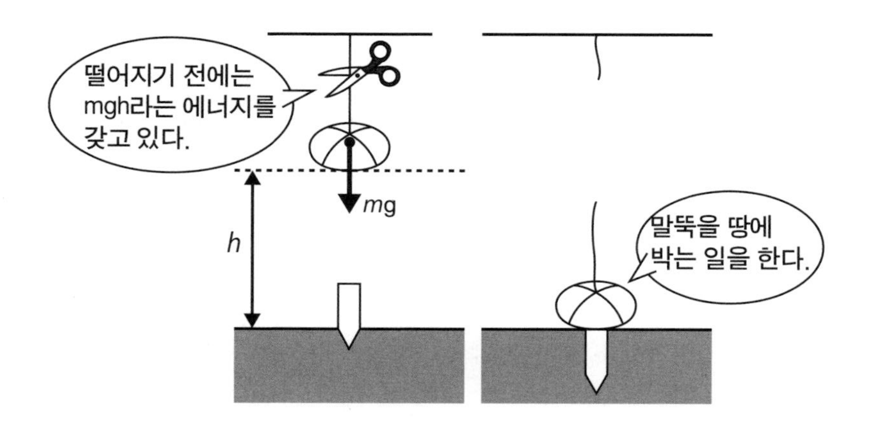

● 위치 에너지와 기준이 되는 면

50층에 놓인 물체는 땅에 놓인 물체보다 높은 곳에 있다. 즉 50층에 놓인 물체가 가진 위치 에너지는 땅에 놓인 물체보다 크다.

그런데 바닥을 기준으로 하면 50층에 있는 물체의 위치 에너지는 0이 된다. 이렇게 위치 에너지는 기준이 되는 면에 따라서 변한다.

● 용수철이 가진 위치 에너지는 어느 정도일까?

마찰이 없는 수평면에 한쪽 끝을 고정한 용수철이 있고 다른 한쪽 끝에는 물체가 연결되어 있다고 하자.

용수철을 잡아당기면 원래 길이로 돌아가려는 성질이 있다. 이것이 용수철의 탄성이다.

용수철을 잡아당길 때 가하는 힘을 2배, 3배, 4배 ……로 하면 용수철이 점점 늘어난다.

원래의 길이를 기준으로 했을 때 늘어나는 길이는 잡아당기면서 가한 힘의 크기와 비례한다. 가한 힘 F와 늘어난 길이 x가 비례하므로 비례정수를 k라고 하면 F = kx가 된다.

k는 용수철 정수라고 한다. k의 단위는 힘 N과 늘어난 값 m을 써서 N/m이다.

용수철이 x만큼 늘어날 때 탄성력은 F = kx이지만 물체를 지지하고 있던 손을 놓으면 용수철의 길이가 줄어들면서 탄성력이 작아지고 결국 0이 된다. 탄성력은 kx에서 0까지 변화하므로 그 사이의 평균을 계산하면 힘의 평균은 다음과 같다.

$$\frac{Kx+0}{2}$$

[그림 38] ● 탄성 에너지

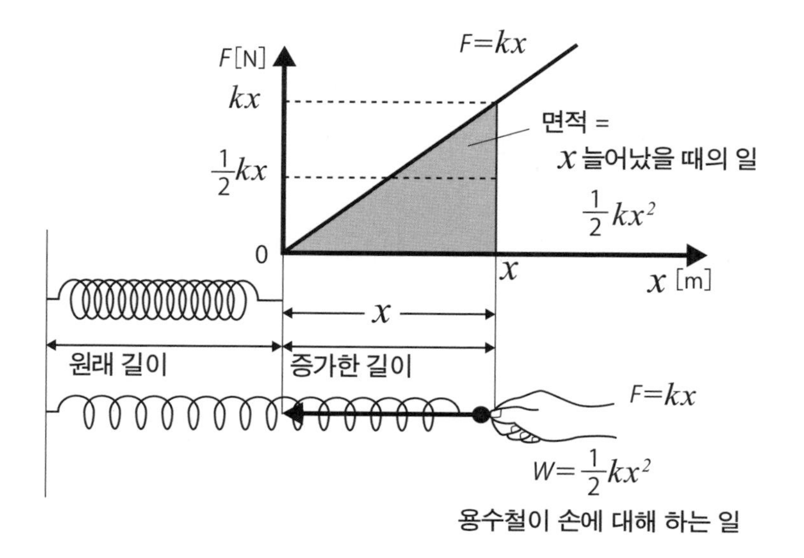

그러면 일의 크기 W는 '힘의 평균 x 거리'이므로 다음과 같다.

$$W = \frac{kx+0}{2} \times x = \frac{1}{2}kx^2$$

용수철을 x만큼 늘리려면 그만큼의 일을 해야 한다는 뜻이다.

[그림 39] ● W = $\frac{1}{2}kx^2$의 그래프

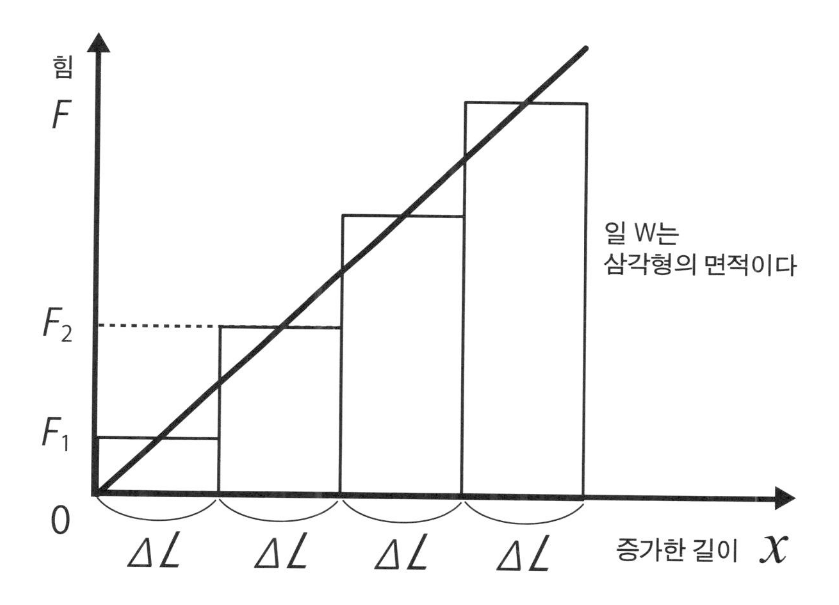

즉 x만큼 늘린 용수철은 그만큼의 에너지를 용수철 내부에 갖고 있다.

● W = $\frac{1}{2}kx^2$ 을 구하는 법

용수철에 미세한 힘 F_1을 가하여 아주 약간 ΔL만큼 늘리는 일 W_1은 $F_1\Delta L$이다. 다음으로 그보다 약간 큰 힘 F_2을 가해서 ΔL만큼 더 늘리는 일 W_2은 $F_2\Delta L$이다.

이것을 식으로 나타내면 다음과 같다.

$$W = W_1 + W_2 \cdots = F_1 \Delta L + F_2 \Delta L + \cdots\cdots$$

이것은 그림의 장방형 면적을 합친 것이다. ΔL을 아주 작은 수치로 하면 W는 그림의 삼각형 면적(= 바닥 × 높이 ÷ 2)이 된다.

3. 운동 에너지는 무엇일까?

● 움직이는 물체의 에너지는 어느 정도일까?

운동하는 물체는 다른 물체와 충돌하여 그 물체를 변형시키거나 이동시키는 등 운동의 형태를 바꿀 수 있다. 다시 말해 운동하는 물체는 일하는 능력이 있다고 할 수 있다. 따라서 운동하는 물체는 에너지를 갖고 있으며 이것을 운동 에너지라고 한다.

물체가 갖고 있는 운동 에너지는 물체의 속도가 빠를수록 크고, 질량이 클수록 커진다.

좀 더 자세히 살펴보자면 운동 에너지 Ek는 속도 v의 제곱과 질량 m에 비례한다. 이것을 식으로 나타내면 다음과 같다.

$$\text{운동 에너지(Ek)} = \frac{1}{2}mv^2$$

예를 들어, 달리는 자동차의 속력이 2배, 4배로 증가하면 이때 이 차가 갖는 에너지는 제곱인 4배, 16배로 증가한다. 과속이 위험한 것은 이 때문이다.

● 에너지가 일로 변환된다.

망치로 널빤지에 못을 박는 걸 생각해 보자.

망치로 못을 때리는 힘을 F뉴턴이라 하고 그에 따라 못이 x미터

만큼 널빤지 안으로 들어갔다고 하자. 그때 못이 받은 일은 Fx줄이다. 망치는 작용 반작용의 법칙에서도 알 수 있듯이 못이 F뉴턴의 힘을 받고 속도가 줄다가 멈춘다. 그때 못의 운동 에너지는 망치의 질량을 m, 속도를 v로 하면,

$$\frac{1}{2}mv^2$$

이 되어 V = 0이므로 이 값은 0이다. 그 대신 못이 일의 대상이 된다. 즉 운동 에너지를 갖고 있는 물체는 그것이 멈추면 갖고 있던 운동 에너지와 같은 양의 일을 상대 물체에 대해 할 수 있다.

질량 m, 속도 V인 물체가 속도 V_2로 줄었다면,

속도 V_1의 운동 에너지 – 속도 V_2의 운동 에너지 = 일

이 된다. 운동 에너지의 변화는 물체가 받은 일과 동일하다. 즉 물체의 운동 에너지가 어떤 물체에 일을 하면 운동 에너지는 감소하고 그 대상이 된 물체의 운동 에너지는 증가한다.

속도가 초기 속도 V_0에서 V로 커졌을 때의 일 W는 다음과 같이 나타낼 수 있다.

$$\frac{1}{2}mv^2 - \frac{1}{2}mv_0^2 = Fx = W$$

● 에너지의 원리

질량 m(kg)의 수레에 F(N)의 힘을 계속 가하면 등가속도운동을 한다. 그때 초기속도 v_0(m/s)에서 v(m/s)로 속도를 높였다고 하자.

손이 수레에 한 일 W는 힘 F에 이동 거리 x를 곱하면 구할 수 있다.

$$W = Fx \cdots\cdots ①$$

[그림 40] ● A점에서 B점까지 수레에 힘F(N)을 가한다.

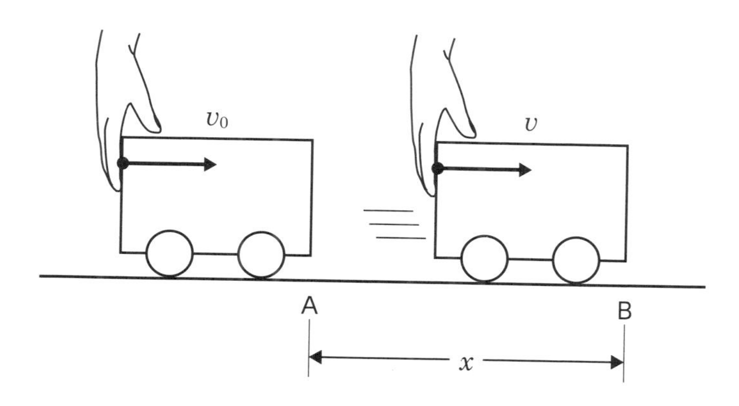

수레의 운동방정식은 가속도를 a라고 하고

$$ma = F \cdots\cdots ②$$

등가속도운동 ②의 식에서 시간 t를 포함하지 않는 식(32쪽의 ③)

은 다음과 같다.

$V^2 - V_0^2 = 2ax$ …… ③

①과 ②에서,

$W = Fx = max$ …… ④

④의 x에 ③을 변형한 $x = \frac{v^2 - v_0{}^2}{2a}$ 을 대입해 정리해보자.

$$W = \frac{1}{2}mv^2 - \frac{1}{2}mv_0{}^2$$

이 식은 수레의 운동 에너지의 변화는 수레에 가해진 일과 같다는 것을 나타낸다. 이것을 에너지의 원리라고 한다. 즉 물체에 일이 가해지면 에너지가 증가한다.

4. 역학적 에너지는 무엇일까?

● 진자로 살펴보는 위치 에너지와 운동 에너지의 변화

위치 에너지와 운동 에너지를 합쳐서 역학적 에너지라고 부른다. 마찰이나 공기 저항이 없을 때, 위치 에너지 'Ep'와 운동 에너지 'Ek'는, 서로 바뀌지만(전환) 그 합계인 역학적 에너지는 항상 일정하다. 이를 역학적 에너지 보존의 법칙이라고 한다.

위치 에너지 + 운동 에너지 = 일정하다

[그림 41] ● 진자의 에너지 변화

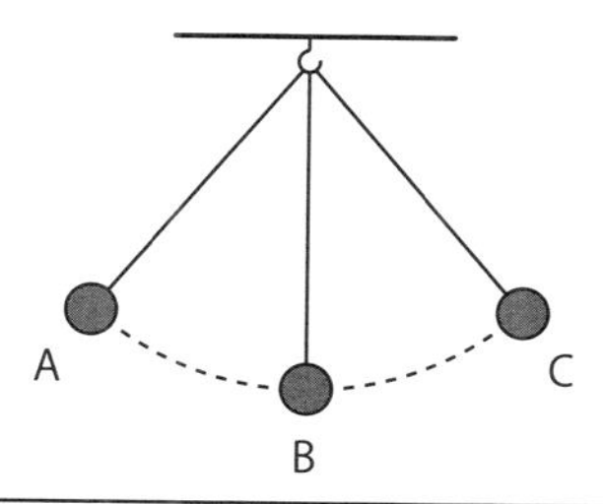

	A	B	C
위치에너지	최대	최소	최대
운동 에너지	최소	최대	최소
에너지의 총합		일정	

[그림 42] ● 롤러코스터의 원리

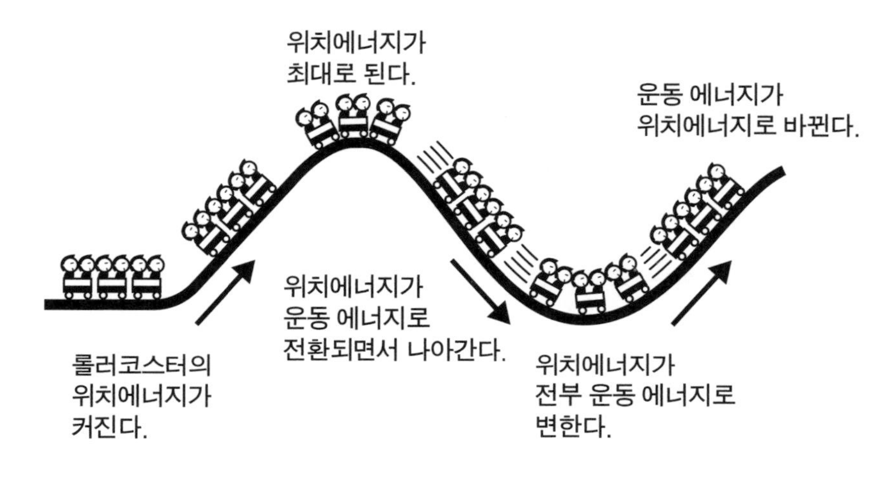

$$Ep + Ek = mgh + \frac{1}{2} mv^2 = \text{일정}$$

● 롤러코스터의 운동

놀이공원에서 즐겨 타는 롤러코스터는 가장 높은 지점까지 이동했다가 레일을 타고 오르내리기를 반복한다. 이때 진자처럼 위치 에너지와 운동 에너지가 서로 전환되면서 운동한다. 다시 말해 가장 처음 올라간 높이에서 가졌던 위치 에너지보다 많은 에너지를 가질 수는 없다. 그러므로 롤러코스터가 처음 올라갔던 높이보다 더 높이 올라갈 수 없다는 말이다.

롤러코스터가 올라가기 시작하면 속도가 줄어든다. 즉 운동 에너지가 위치 에너지로 바뀌어가는 것이다. 그동안 운동 에너지와 위치 에너지를 합친 값은 일정하다.

● 수직으로 던져 올린 공은 얼마나 높이 올라갈까?

프로야구 투수들은 대체로 시속 130~150km로 직구를 던질 수 있다고 한다.

그렇다면 공을 수직으로 초속 40m(시속 144km)를 처음 속도로 던져 올리면 공의 최고점인 높이는 몇 미터가 될까?

이때 공기 저항력은 무시하자.

이 공을 던져 올린 순간에는 운동 에너지만 갖고 있다. 질량을 m이라고 하면 운동 에너지는 $1/2mv^2$(J)이다. 최고점에서는 위치 에너지만 있다. 최고점의 높이를 h라고 하면 mgh(J)이다. 중력 가속도 g는 9.8(m/s^2)이다.

이제 다음 식에 우리가 아는 데이터를 집어 넣어보자.

$$\frac{1}{2}mv^2=mgh$$

그러면,

$$\frac{1}{2}m \times 40^2 = m \times 9.8 \times h$$

이므로,

$h = 800 \div 9.8 \fallingdotseq 81.6$

약 82m다.

[그림 43] ● 공을 위로 던질 때

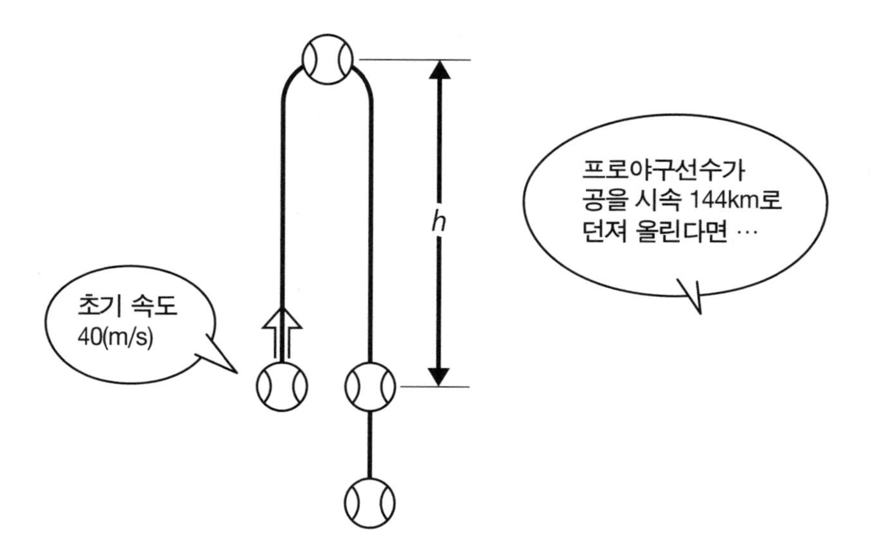

5. 온도와 열은 비슷하지만 다르다!

● 온도는 뜨거움과 차가움을 나타내는 기준

우리가 일상적으로 사용하는 온도는 셀시우스 섭씨온도, 또는 섭씨온도라고 한다. 단위는 도(기호 ℃)를 사용한다. 온도 체계를 만든 과학자 셀시우스에서 따온 단위다.

이것은 1기압에서 얼음이 녹아 물이 되는 온도를 0℃, 물이 끓어서 수증기가 되는 온도를 100℃라 하고 그 사이를 백 등분한 온도 체계다. 그것을 저온 방향(0℃ 이하)과 고온 방향(100℃ 이상)으로 연장해 모든 온도 영역의 온도 체계를 정한다.

그 후 절대온도라는 엄밀한 기준 값이 등장했고 그때부터 현행 국제단위계에서는 '섭씨온도는 절대온도 값에서 273.15를 뺀 값'으로 정의되었다.

물리에서는 섭씨온도 대신 열 등의 물리현상을 나타내는 데 적합한 절대온도를 잘 쓴다.

절대온도의 단위는 K(켈빈)이다. 절대온도의 눈금 간격은 섭씨온도와 같고 영하 273℃(정확히는 영하 273.15℃)를 시작점인 '0K'로 정한다. 이보다 낮은 절대온도는 존재하지 않는다. 즉 0K가 최저점이다.

절대온도 T(K) = 섭씨온도 t(℃) + 273.15

● 온도계의 원리

막대 모양의 수은온도계(액상 수은 함유)와 알코올 온도계(색상 등유나 경유 함유)는 수은과 등유와 같은 액체의 부피가 온도 상승에 비례해 증가하는 성질을 이용한다.

온도의 변화에 따라 팽창하는 양이 다른 얇은 두 금속판을 포개어 붙인 바이메탈식 온도계, 온도에 따라 전류가 쉽게 흐르거나 어려워지게 하는 것 등 일상생활에는 다양한 온도계와 온도 센서가 사용된다. 접촉하지 않아도 온도를 측정한 비접촉 온도계는 물질이 방사하는 열복사를 인식해 측정한다.

● 열과 온도의 차이점

온도와 열은 혼동하기 쉬운 용어다. 생활 속에서 '열을 쟀더니 평열보다 높다'라고 하는데 이것은 물리적으로 틀린 말이다. 정확히 말하자면 '체온을 쟀더니 평소보다 높다'라고 해야 한다.

고온인 물체와 저온인 물체를 접촉시키면 고온인 물체의 온도는 떨어진다. 반대로 저온인 물체의 온도는 올라간다. 같은 온도가 되면 변화를 멈춘다.

이때 고온인 물체에서 저온인 물체로 '무엇인가가' 이동했다고 생각한다. 이 '무엇인가가'가 열이다.

두 물체의 온도가 같아지면 열의 이동이 멈춘다. 이때 '열평균 상태가 되었다'고 한다. 열의 이동은 반드시 온도가 높은 물체에서 온도가 낮은 물체로 일방 통행한다.

과거에는 과학자들이 열은 열소(칼로릭, Caloric)라는 무게(중량)가 없는 일종의 유체(액체나 기체 같은 것)라고 잘못 생각했다. 물체에 열소가 흘러 들어가면 온도가 올라가고 흘러나오면 온도가 내려간다고 생각한 것이다. 무게는 없지만 일종의 물체라고 여겼기 때문이다.

그런데 1789년 미국의 럼포드(Rumford) 백작이 굵은 쇠막대 안쪽을 파내어 대포의 포신을 만드는 작업을 하다가, 엄청난 열이 발생하고 일을 가하면 얼마든지 열이 나는 것을 보고 열은 열소가 아니라고 생각했다. 열소 이론에 따르면 포함되어 있는 열수에는 한계가 있어야 한다. 그렇다면 열이 계속 나는 현상을 설명할 수 없다. 그러므로 그는 열은 일종의 '운동'이라고 생각했다. 요즘 말로 하면 열도 에너지의 한 종류인 것이다.

[그림 44] ● 열의 이동과 온도

[그림 45] ● 열평형

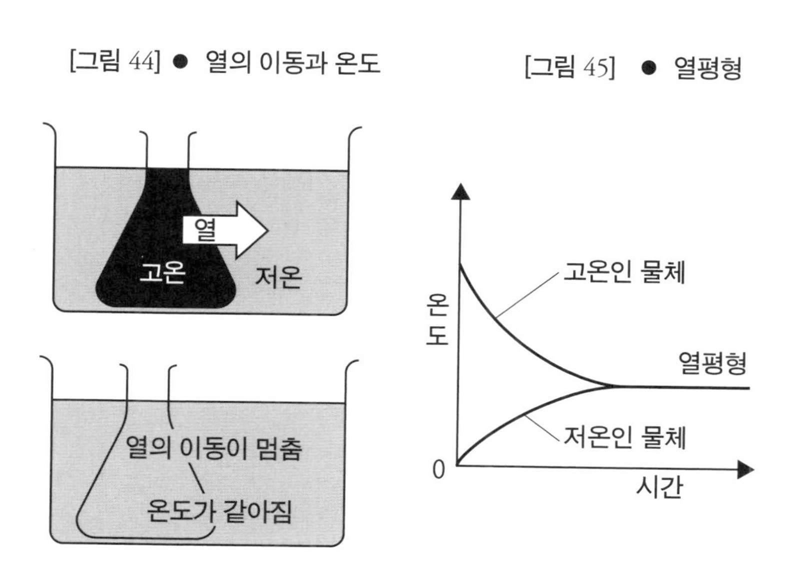

● 온도는 열운동의 활발한 정도를 나타낸다고?

물체는 원자나 분자로 이루어진다. 두 가지 모두 열을 고려할 때는 동일하므로 분자로 이루어져 있다고 가정하자.

물체를 만드는 모든 분자는 운동을 하고 있다. 고체인 물체의 분자는 부들부들 떠는 운동을 한다.

온도는 미시적인 범위에서 말하자면 분자운동의 강도를 말한다. 운동을 활발하게 하면 고온이고 얌전하게 하면 저온이다.

온도가 떨어진다는 것은 분자의 운동이 점점 약해진다는 뜻이다. 그러다가 마지막에는 분자의 운동이 정지한다.

다시 말해 저온에는 한계가 있다는 뜻이다. 분자의 운동이 멈추었을 때의 온도는 영하 273℃이며 이보다 낮은 온도는 없다(절대 0도, 0K).

온도가 높은 쪽은 어떨까?

분자가 활발하게 운동하고 있으면 온도가 올라간다. 몇 만도, 몇 억도, 몇 조도라는 온도도 있을 수 있다. 그때 물질은 전리(원자나 분자가 플러스 또는 마이너스로 전기를 띠어 이온이 되는 것)된 '플라스마(plasma)'라는 기체가 되고 최종적으로 원자핵이 부서져 흩어진 소립자로 변한다.

이 분자의 운동이라는 관점에서 고온인 물체와 저온인 물체가 접촉했을 때 일어나는 열전도 현상을 살펴보자.

고온인 물체는 활발하게 진동하는 분자가 모인 것이다. 저온인 물체는 그리 활발하게 움직이지 않는 분자가 모인 것이다. 이 둘을 접촉시키면, 즉 붙여놓으면 고온인 물체의 분자와 저온인 물체의 분자가 충돌한다. 그때 고온인 물체의 분자에서 저온인 물체의 분자로 운동 에너지가 전달된다.

그것은 움직이는 구슬이 정지한 구슬에 부딪히면 정지한 구슬이 튕겨져 움직이는 것과 같다. 지금까지 별로 움직이지 않았던 분자는 튕겨져 움직이기 시작한다. 즉 온도가 상승한다. 그리고 지금까지 힘차게 움직이던 분자는 운동 에너지를 잃고 움직임이 약해진다. 즉 온도가 내려간다. 이때 온도가 높은 물체에서 낮은 물체로 열이 전해졌다는 것이다.

[그림 46] ● 온도는 원자 · 분자의 운동이 활발한 정도를 나타낸다.

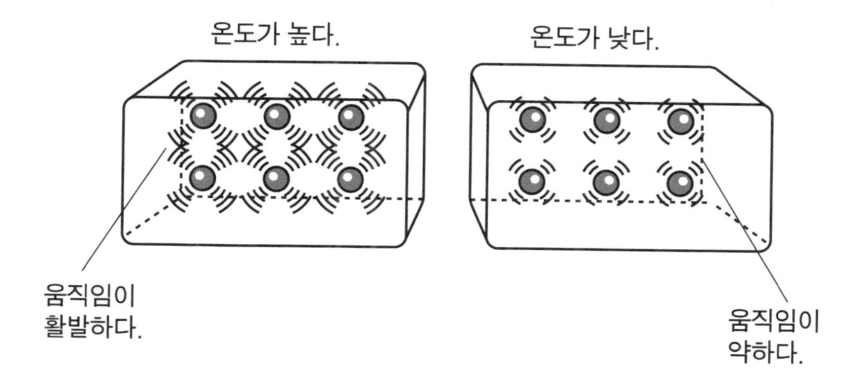

[그림 47] ● 열전도 현상을 살펴보면

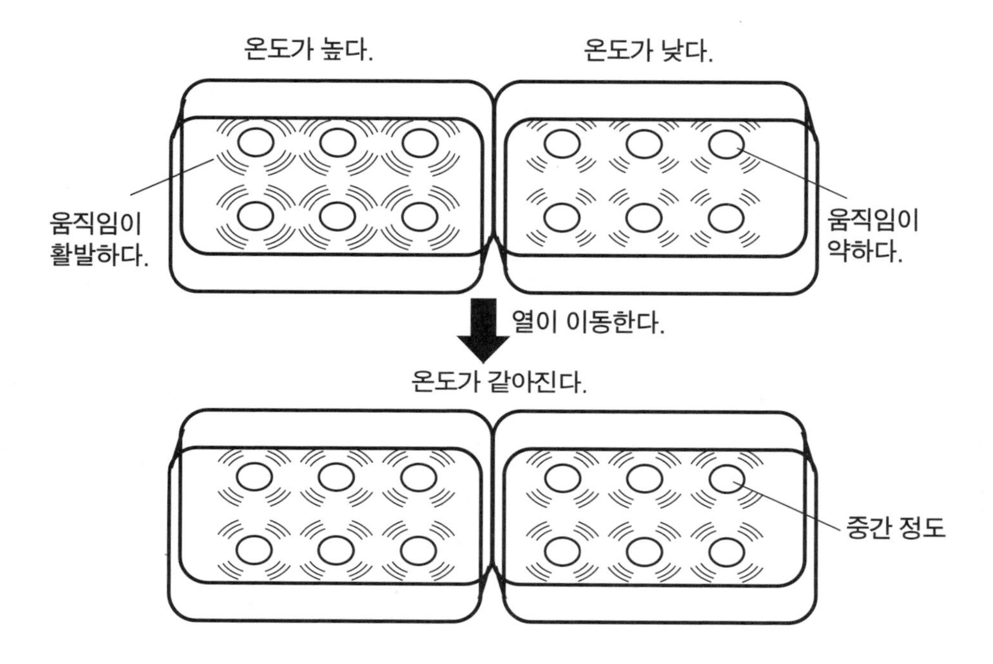

[표2] ● 여러 가지 물질의 비열

물질	비열 [J/(g・K)]	물질	비열 [J/(g・K)]
납	0.13	알루미늄	0.9
은	0.24	목재(20℃)	1.3
동	0.38	바닷물(17℃)	3.9
철	0.44	물	4.2
콘크리트	0.8		

(25℃에서의 비열)

(비열이란 어떤 물질 1g의 온도를 1℃만큼 올리는 데 필요한 열의 양. 비열이 작은 물질일수록 온도를 올리기가 쉽고 냉각 속도도 빠르다.)

열은 온도가 높은 물체에서 온도가 낮은 물체로 이동한다. 온도가 낮은 물체가 얻은 열운동의 에너지 양을 열량이라고 한다. 열량의 단위는 J(줄)이다.

이때 외부의 열이 들고나지 않으면 고온인 물체가 잃는 열량과 저온인 물체가 얻는 열량은 같다. 이것을 열량 보존이라고 한다.

● 같은 열량을 가해도 물체에 따라 다른 방식으로 따뜻해진다.

같은 질량의 물과 식용유를 동일한 조건에서 가열하면 온도는 어떤 식으로 상승할까?

결과는 식용유의 온도가 더 빨리 상승한다.

물 1g을 1K(즉 1℃) 올리는 데 필요한 열량은 4.2J이다. 그런데 1g을 올리는 데 필요한 열량은 물질에 따라 다르다.

물질 1g을 1K(켈빈) 올리는 데 필요한 열량을 비열(또는 비열 용량)이라고 한다. 비열 단위는 J/(g · k)이다.

고온인 물질이 잃은 열량, 저온인 물질이 얻은 열량을 식으로 나타내면 다음과 같다.

가한 열량 J = 물질 g × 비열 J/(g · K) × 온도차(K)

또 열량 보존의 법칙에 따라 '고온인 물질이 잃은 열량 = 저온인 물질이 얻은 열량'이 성립한다.

물의 비열은 약 4.2J/(g · k)이다.

식용유의 비열은 물의 절반 정도다. 그래서 같은 열량을 가하면 식용유의 온도가 물의 약 2배로 상승한다.

비열이 클수록 천천히 따뜻해지고 천천히 식는다. 비열이 작을수록 빨리 따뜻해지고 빨리 식는다. 대개 물질의 비열은 1 또는 1보다 적다. 그 점을 생각하면 물은 비열이 무척 큰 편이다. 물이 지표의 약 70%나 되기 때문에 지구의 낮과 밤의 기온차는 크지 않다. 이렇듯 물이 지표의 많은 비율을 차지하는 것은 지구의 기후에 크게 영향을 미친다.

● **20℃의 물 200g과 60℃인 물 300g를 섞으면 몇 ℃가 될까?**

여기서는 '고온인 물질이 잃은 열량 = 저온이 물질이 얻은 열량'을 이용한다.

또 하나, '가한 열량 J = 물질 g × 비열 J/(g · K) × 온도차(K)'도 이용한다.

우리가 구하는 온도를 x℃라고 하고 저온인 물질이 얻은 열량과 고온인 물질이 잃은 열량을 x를 넣은 식으로 나타낸다. 그리고 그 관계를 이용해 방정식을 세워서 풀어보자. 물의 비열은 4.2J/(g · K)이다.

절대온도건 섭씨온도건 눈금 간격은 같으므로 차이도 같다. 그

래서 온도차는 ℃로 표시하자

20℃인 물 200g이 얻은 열량은 200g × 4.2J(g · K) × (x-20)℃ 이다.

60℃인 물 300g이 얻은 열량은 300g × 4.2J(g · K) × (60-x)℃ 이다.

그러므로

200 × (x-20) = 300 × (60-x)

이것을 풀면 x = 44가 나온다. 따라서 답은 44℃다.

● 10℃인 물 100g에 100℃인 철 100g을 넣으면 몇 ℃가 될까?

문제를 하나 더 풀어보자. 10℃인 물 100g에 100℃인 철 100g을 넣으면 몇 ℃가 될까?

우리가 구하는 온도를 x℃라고 한다. 철의 비열을 0.44J/(g · K)라고 하면 다음과 같은 식이 성립한다.

10℃인 물 100g이 얻은 열량 J = 100g × 4.2J(g · K) × (x-10)℃

100℃인 철 100g이 잃은 열량 J = 100g × 0.44J(g · K) × (100-x)℃

따라서

$$100 \times 4.2 \times (x-10) = 100 \times 0.44 \times (100-x)$$

x = 18.5℃이므로 답은 18.5℃이다.

● 열용량이란 무엇일까?

같은 물질에 같은 열의 양을 가해도 그 질량에 따라 온도가 상승하는 속도가 다르다. 질량이 클수록 늦게 상승한다.

이렇게 물질의 온도변화는 그 물질의 체적과 질량에 따라 변한다. 그러므로 물질의 온도를 1K(켈빈) 높이는 데 필요한 열량을 열용량이라고 한다. 일반적으로 열용량은 같은 물질이면 질량에 비례해 커진다. 열용량의 단위는 J/K이다. 그 물질의 비열에 그 물질의 질량을 곱하면 열용량이 된다.

● 물질에 열을 가하면 어떻게 변할까?

물질에 열을 가하면 온도가 상승하고 기체, 액체, 고체 등 물질의 상태가 변한다.

물에는 액체 외에 고체(얼음)와 기체(수증기) 상태가 있다. 이렇게 물질은 고체 · 액체 · 기체의 3가지 상태로 존재한다. 모두 원자 · 분자 · 이온(통틀어 입자라고 한다)은 끊임없이 열운동을 한다.

- 고체 — 입자는 서로 접촉하며 규칙적으로 배열된다. 입자는 정해진 위치에서 세세하게 열운동을 한다.
- 액체 — 열운동은 고체일 때보다 활발하고 입자는 서로 위치

를 바꿔가며 움직인다.

· 기체 — 입자의 열운동은 액체일 때보다 더욱 활발하며 입자는 뿔뿔이 흩어져서 공간을 날아다닌다.

고체, 액체, 기체라는 물질의 상태 변화를 상태 변화라고 한다.

고체에서 액체가 되는 현상을 융해, 액체에서 고체가 되는 현상을 응고라고 한다. 그때의 온도를 융점(녹는점, 응고점)이라고 한다.

액체에서 기체가 되는 현상을 증발, 기체에서 액체가 되는 현상을 응축이라고 한다. 특히 액체 내부에서도 그 기체가 증발하는 현상을 비등이라고 하며 그때의 온도를 비등점(끓는점)이라고 한다.

[그림 48] ● 물의 세 가지 상태와 분자의 운동

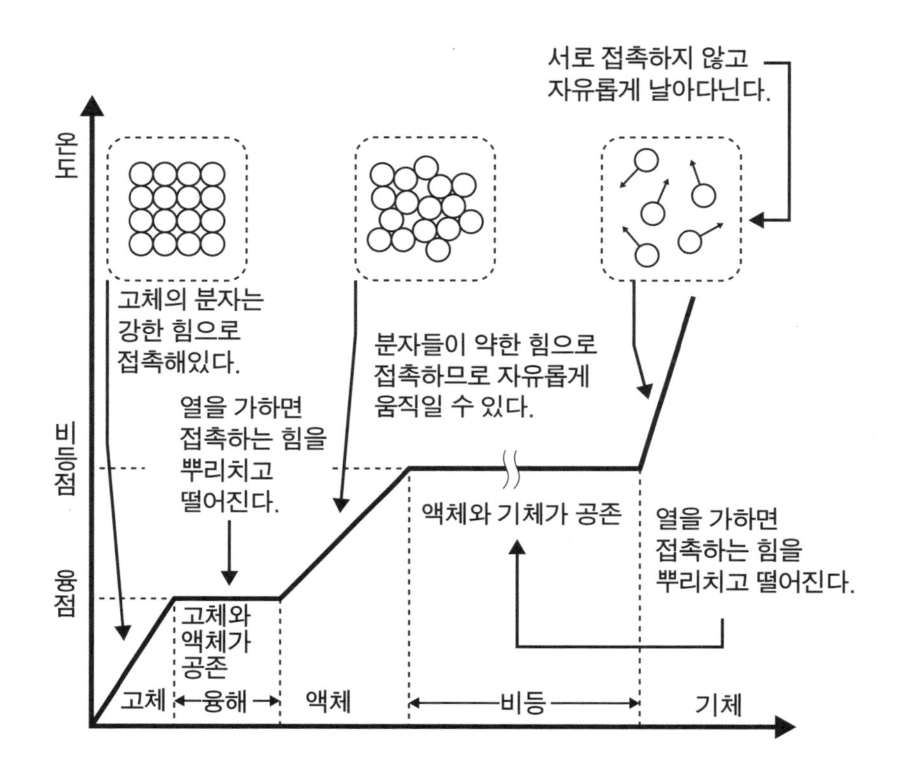

[그림 49] 철의 융점과 비등점

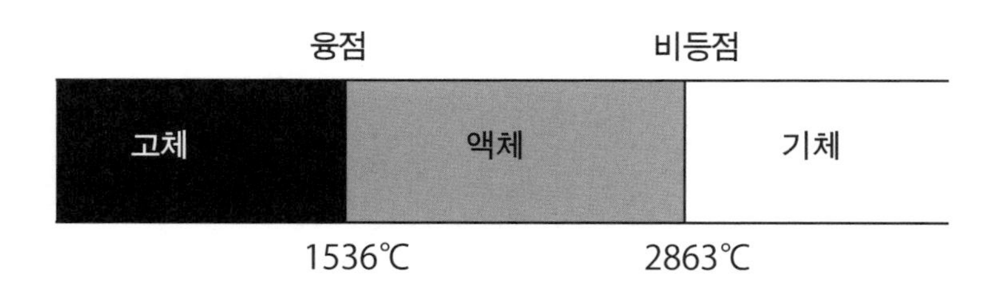

물은 1기압에서 물의 융점(응고점)은 0℃, 끓는점은 100℃이다. 얼음을 가열하면 0℃에서 융해되어 물이 되고 100℃에서 끓어 수증기가 된다.

철의 융점은 1,536℃, 끓는점은 2,863℃이다. 실온(25℃)은 융점보다 낮으므로 실온에서 철은 고체로 존재한다. 2,000℃는 융점을 넘었으나 끓는점에 도달하지 않았기 때문에 액체이고 3,000℃에서는 끓는점을 넘었기 때문에 기체가 된다.

● 융해열과 증발열

일반적으로 압력이 일정할 때 온도는 물질이 융해 또는 증발하는 동안 일정하게 유지된다. 외부에서 흡수하는 모든 열이 융해와 증발에 사용되기 때문이다.

융점에서 고체를 액체로 만드는 데 필요한 열을 융해열이라고 한다. 마찬가지로 끓는점에서 액체를 기체로 만드는 데 필요한 열을 증발열이라고 한다. 융해열과 증발열은 상태가 바뀌는 동안 열을 가해도 온도가 변하지 않기 때문에 '내부에 숨어 있어 밖으로 나타나지 않는 열'이라고 하여 잠열이라고 한다.

0℃인 물을 넣은 물베개보다 0℃의 얼음물이 든 물베개가 훨씬 시원하다. 이해가 잘 안 간다면 0℃인 물 200g이 든 물베개와 0℃의 얼음 200g이 든 물베개를 비교해보자. 얼음의 융해열은 334(J/g)이다.

먼저 체온이 36℃인 사람으로부터 0℃인 물이 얻는 열량을 구해

보자.

$$200g \times 4.2\ J/(g \cdot K) \times (36\text{-}0)K = 30{,}240J$$

다음으로 0℃인 얼음이 0℃인 물이 될 때 얻는 열량을 구한다.

0℃인 얼음 200g이 녹아서 0℃인 물이 될 때 얻는 열량 J은 다음과 같다.

$$200g \times 334J/g = 66{,}800J$$

또한 체온이 36℃인 사람에게서 0℃인 물이 얻는 열량이 있다. 즉 융해열만큼 물베개가 몸에서 열량을 빼앗을 수 있다.

6. 내부 에너지가 무엇일까?

● 일은 열로 바뀌고 열은 일로 바뀐다.

물체를 문지르거나 액체를 휘젓거나 기체를 압축하는 일을 하면 그 물체의 온도가 올라간다. 이것은 일이 열의 작용 중 하나인 물체의 온도를 높이는 기능도 있음을 보여준다.

어떤 크기의 일을 하면 얼마만큼의 열량을 준 것과 같은 효과를 나타내는가, 즉 어느 크기의 일은 어느 정도의 열에 해당하는가를 '열의 일당량'이라고 한다.

열의 일당량을 정확하게 측정하기 위해 19세기 영국의 물리학자 제임스 줄(James Prescott Joule)은 다음과 같은 실험을 했다.

이미 질량을 측정하여 온도를 알고 있는 물을 넣은 열량계를 준비한다. 추는 떨어지면서 도르래를 회전시키고 이 도르래는 열량계 속의 회전날개를 돌린다. 날개 차의 날개와 물의 마찰로 인해 열량계의 온도가 높아진다. 줄은 약 20회 정도 이 실험을 반복하면서 온도 상승을 측정했다.

그 결과 물의 온도를 1℃ 높이는 데 필요한 열량 1cal는 약 4.2J의 일에 상당한다는 것을 발견했다.

[그림 50] ● 줄의 실험 장치

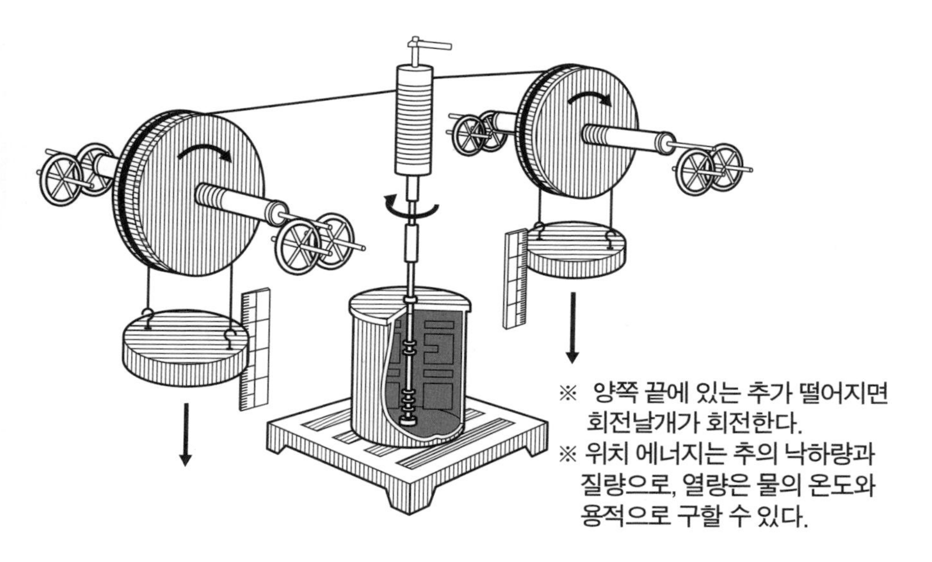

● 내부 에너지는 기체가 쌓아둔 저축과 같다

기체가 전체적으로는 정지한 상태여도 그 기체의 물질을 구성하는 분자는 끊임없이 날아다닌다. 즉 '기체의 분자는 뿔뿔이 흩어져 돌아다니는' 상태다.

기체를 상자에 밀폐했다고 하자. 기체의 분자가 내부에서 상자에 부딪히며 다녀도 상자가 움직이지는 않는다. 평균적으로 모든 방향으로 부딪치며 돌아다니기 때문이다. 그러므로 아무리 활발하게 기체의 분자가 운동해도 상자 전체의 운동 에너지는 0이다.

그러나 기체 분자 1개, 1개의 운동 에너지의 합은 무시할 수 없다. 그러므로 기체의 물질 내부에는 분자의 열운동에 의한 에너지가 비축되어 있다고 생각한다.

이 기체가 가진 저축과 같은, 기체 분자 1개, 1개의 운동 에너지의 합을 내부 에너지라고 부른다(분자 간의 힘을 무시할 수 없는 경우에는 분자 간의 힘에 의한 위치 에너지도 포함한다).

물질의 절대온도는 내부 에너지와 비례관계를 이룬다. 물질이 열을 흡수하면 열운동이 활발해지고 내부 에너지가 증가한다. 그 결과 물질의 온도가 상승한다. 반대로 물질이 열을 내뿜으면 내부 에너지는 감소한다.

● 줄의 실험과 내부 에너지

줄의 실험은 추를 떨어뜨려서 물속을 휘저었더니 물의 온도가 상승했다는 내용이다. 추가 아래로 떨어지는 만큼 회전날개가 움직여 물이 흔들린다. 물에 대한 일이 발생했지만 물이 든 열량계는 여전히 제자리에 있으므로 운동 에너지와 위치 에너지의 변화는 0이다. 그 결과 물 온도가 상승했다.

이때 증가한 것은 내부 에너지다.

물을 회전날개로 휘젓는 대신 물이 든 보온병을 흔들면 물 온도를 높일 수 있는데 이것도 원리는 같다.

● 단열팽창과 단열압축

단열팽창이라는 현상이 있다.

단열은 외부와 열의 교환이 없는 상태다. 열이 이동하지 않을 때 기체를 팽창시키면 기체 온도는 떨어진다.

실린더 내부의 기체 분자는 그 온도에 대응한 평균 운동 에너지를 갖고 분자운동을 한다. 피스톤이 멈춰있으면 실린더 내의 기체는 아무 일도 하지 않는다. 만약 피스톤이 기체의 압력에 의해 천천히 오른쪽으로 움직이기 시작하면 멀어져가는 피스톤의 벽에 부딪히는 분자는 평균적으로 부딪친 후의 에너지가 부딪치기 전에 비해 적어질 것이다. 그 결과 전체적으로 평균 운동 에너지가 적어진다.

즉 기체가 팽창해서 한 일은 기체의 분자운동을 약화시켜 온도를 내린다.

[그림 51] ● 단열팽창과 실린더 내의 기체의 일

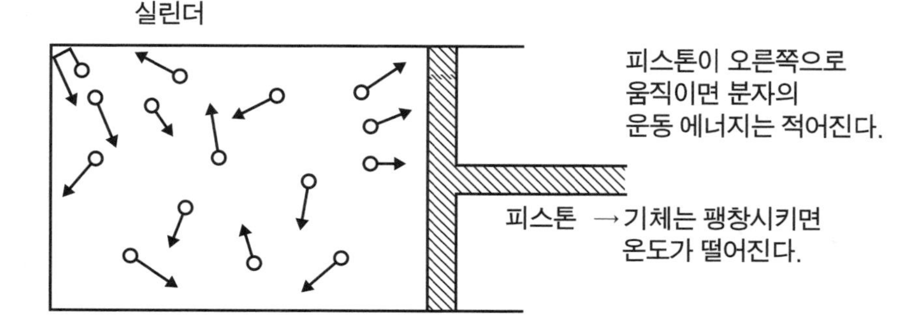

구름이 생기는 원리에도 단열팽창이 적용된다.

공기에는 수증기가 포함되어 있다. 태양열로 지면이 데워지면 지면에 접한 공기도 따뜻해지면서 팽창한다. 그때 주위에서 차가운 공기가 흘러들어와 그 팽창한 공기를 밀어 올린다. 그러면 공기가 상승한다.

대기는 위로 갈수록 대기압이 낮아지므로 상승한 공기는 팽창한다. 그때 단열 팽창 현상을 볼 수 있다. 그로써 공기 온도가 떨어지고 수증기가 물방울로 변한다. 구름은 물방울과 얼음 알갱이로 이루어져 있다. 구름은 물방울이나 얼음 결정이 공기 중에 떠 있는 것이다.

반대로 기체는 열의 출입을 막고 부피를 압축하면 기체의 부피를 줄이는 방향으로 외부에서 일을 한 만큼 분자운동이 증가한다. 이것은 기체의 온도를 높인다. 압축하면 내부 에너지를 증가시키기 때문에 기체의 온도도 상승한다.

가솔린엔진은 점화 플러그의 불꽃으로 가솔린과 공기 혼합물에 불을 붙여 폭발시킨다.

반면 디젤엔진은 점화 플러그가 없다. 디젤엔진은 단열압축에 의한 고온으로 연료를 점화하여 폭발시킨다. 그렇게 해서 고온에서 팽창한 기체가 일을 함으로써 회전력을 얻는 원리를 이용한다.

7. 열역학 제1법칙이란 무엇일까?

● 역학적 에너지에 내부 에너지도 들어간 에너지 보존

기체의 온도를 올리는 방법에는 '가열한다', '외부에서 일을 시켜 내부 에너지를 늘린다', '이 두 가지를 함께 이용하는' 방법이 있다.

이때 '증가한 내부 에너지 $\triangle U$ = 가한 열량 Q + 외부로부터 가해진 일 W'이 된다.

이 관계를 열역학 제1법칙이라고 한다.

역학적 에너지 보존의 법칙은 마찰로 인해 열이 발생할 때는 성립하지 않는다. 그러나 열역학 제1법칙은 열도 포함한 에너지 보존 법칙이다.

열역학 제1법칙은 에너지가 마음대로 생기거나 사라지지 않는다는 것을 보여준다. 에너지를 흡수하면 그만큼 에너지가 증가하고 에너지를 배출하면(기체가 일을 하면) 그만큼 에너지가 감소한다.

● 열기관

열운동 에너지를 기계적인 일로 전환하는 장치를 열기관이라고 한다.

열기관에는 증기기관, 가솔린엔진, 디젤엔진, 증기터빈, 가스터빈 등 다양하다. 이 엔진은 크고 피스톤이 왕복하는 유형과 터빈이 연속회전하는 유형으로 나뉜다.

[그림 52] ● 열기관

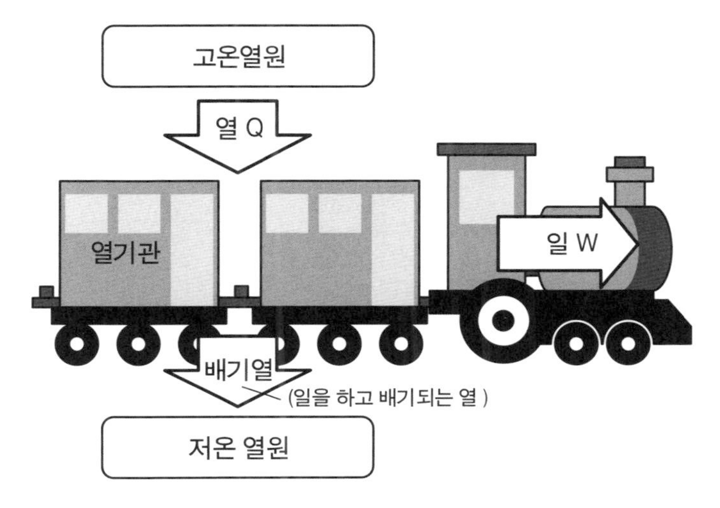

모든 열 Q를 일 W로 전환할 수는 없으므로 일부는 버려야 한다.

반대로 역학적 일을 열로 전환하는 예는 기체의 단열팽창과 압축을 들 수 있다. 또 마찰이 일어나면 역학적 일로 인해 마찰열이 발생한다. 이것은 일을 열로 변환시킨(열을 발생시킨) 예다.

● 열효율

열을 일로 전환하는 열기관은 열을 100% 일로 변환할 수는 없다.

열기관이 열을 일로 변환하는 효율(열효율)에는 한계가 있기 때문이다.

[그림 53] ● 자동차의 에너지 변환 (개요)

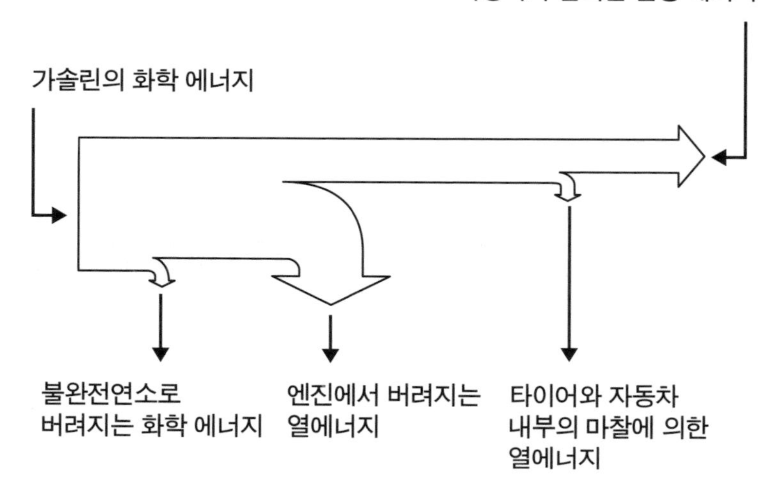

예를 들어 자동차 엔진처럼 연료를 태워서 연료 물질의 화학 에너지를 일단 열로 바꾸고 그것이 차를 움직이게 하는 유용한 일이 되려면 반드시 열의 일부를 배기가스로 버려야 한다. 또 엔진의 마찰열로도 버려진다. 게다가 연료의 화학 에너지 중 일부가 불완전연소하여 사용하지 못하고 배기가스로 버려진다. 이렇게 해서 효율은 약 25% 정도가 된다.

어떤 열기관이건 고온부에서 저온부로 열이 흘러갈 때 열의 일부는 일로 변환되지만 저온부로 흘러간 열은 그보다 더 저온부가 존재하지 않으면 일을 할 수 없는, 도움이 되지 않는 에너지다,

가스터빈은 상대적으로 고온・고압에서 운전할 수 있도록 개량

되어 3분의 2(60%) 정도의 열효율을 유지한다. 가스터빈의 발전 에너지와 그때 생기는 배기열(일을 하고 배기되는 열)을 냉난방이나 생활온수로 이용함으로써 열효율을 더욱 높이는 방법도 있다.

CHAPTER THREE

제 3 장

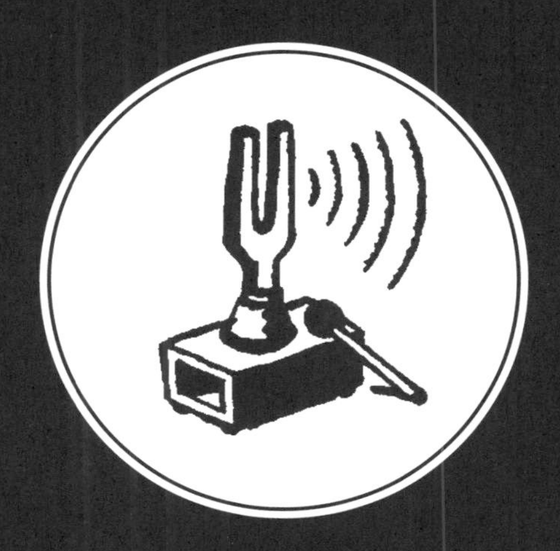

우리 주변의 파동과 소리의 성질을 알아보자

WARM-UP!

리코더나 플루트는
왜 손가락으로
구멍을 막으면
음정이 바뀔까?

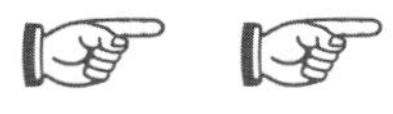

관악기는 관의 길이를 바꿔서 음정을 변경한다. 트럼펫은 피스톤이나 레버를 조작하여 길이를 바꾼다. 리코더와 플루트의 경우는 작은 구멍을 막아서 관을 길게 한다.

관악기는 좌우로 움직이지 않고 제자리에서 진동하는 정상파(stationary wave) 파동을 생성하는데, 정상파의 파동은 관의 길이에 따라 결정된다. 진동하는 부분의 길이가 짧을수록 파장이 짧아지고 음정은 높아진다.

- 손가락으로 구멍을 누르면 관의 길이가 길어진다.
  - 파동의 길이가 긴 정상파
  - 음정이 낮아진다.

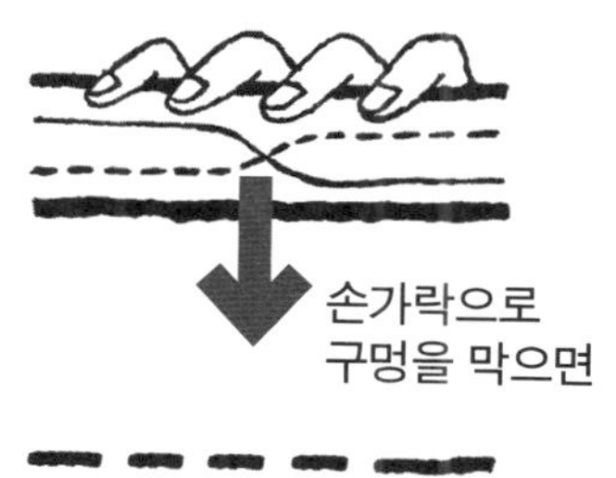

관의 길이를 바꿔서
음정이 변한다.

- 관의 길이가 짧아진다.
  - 파동의 길이가 짧은 정상파
  - 음정이 높아진다.

1. 파동이란 무엇일까?

● 진동은 어떤 운동일까?

우리 주위에서 흔히 볼 수 있는 현상들을 떠올려보자. 고요한 수면에 조약돌이 떨어져 파문을 일으키는 것을 비롯하여 소리나 빛이 우리 귀나 눈에 닿는 것도, 바다의 파도와 지진이 마을에 도달하는 것도, 모두 파동을 통해서이다. 이 모든 파동의 기본은 진동이다. 파동은 물체의 진동이 잇달아 전달되는 현상이기 때문이다.

진동은 물체가 어긋나(변형되어) 앞뒤로 계속해서 움직이는 운동이다.

그러면 진자를 통해 진동이 무엇인지 살펴보자. 실과 끈에 추를 매달아 중심점 주위에서 흔들리게 하는 것이 진자다. 진자는 왔다 갔다 하는 주기적인 운동을 보여준다.

진동하는 물체의 평형 위치에서 최대 기울기를 진동의 진폭이라고 한다. 그림에서 진자의 진동 진폭은 OA 또는 OB와 같다.

정상으로 돌아가려면 왕복 한 번이 필요하다. 이 시간을 진동 주기라고 한다. 왕복 1회, 즉 주기는 여러 번 왕복하는 데 걸린 시간을 왕복 횟수로 나누면 구할 수 있다. 예를 들어 10초에 10회하면 1 왕복 시간(주기)은 1초다.

진자의 1왕복 시간은 진자가 진폭이 작은 범위에서는 진폭과 추의 무게와 상관없이 진자의 길이로 정해진다. 이것을 '진자의 등시성'이라고 한다. 진자시계는 진자의 등시성을 이용해 시간을 쪼갠다.

1초에 왕복하는 횟수를 진동수라고 한다. 1왕복시간이 1초인 경우를 진동수가 1Hz(헤르츠)라고 한다.

용수철에 추를 매달아서 추를 손으로 아래로 잡아당겼다가 놓으면 위아래로 계속 왔다갔다하는 운동도 진동이다.

[그림 54] ● 진자의 운동

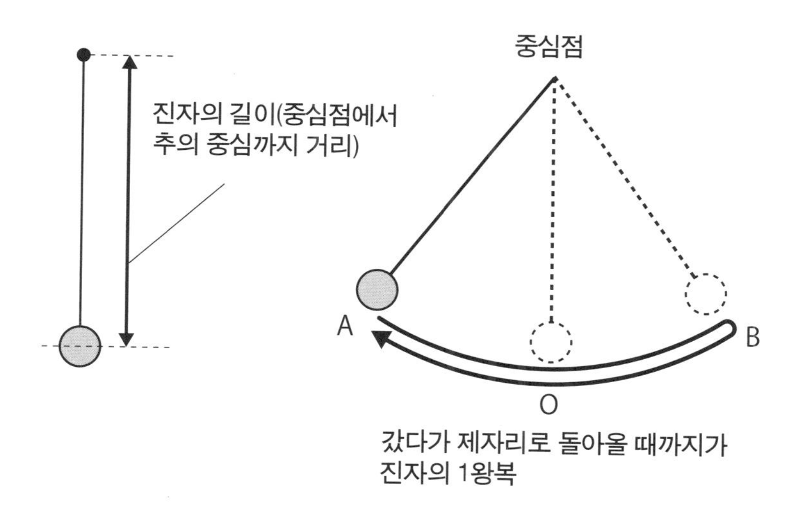

· 1왕복시간(주기)은 여러 번 왕복하는 데 걸린 시간을 왕복 횟수로 나누어 구한다

● 파동은 진동이 잇달아 주위에 전달되는 현상

한 곳에 생긴 진동이 잇달아 주위에 전해져 가는 현상이 파동이다. 예를 들어 돌멩이를 물에 던져 넣으면, 거기에 생긴 진동이 주위에 있는 수면을 타고 잇달아 퍼져간다. 이때 돌멩이가 떨어진 곳의 물은 움직이지 않고 상하나 앞뒤로 진동하며(변형) 모양을 바꾸지 않고 전해진다. 진동하는 물체가 있어야 비로소 파동이라는 '사건'이 전달된다.

파동이 처음 생기는 곳을 파원이라 하고 파동을 전달시키는 물질을 매질이라고 한다. 예를 들어 물속에 돌이 떨어지면 그곳이 파원이 되고 파동은 물을 매질로 하여 동심원 모양으로 퍼진다. 소리가 들리기 위해서는 물질의 진동이 공기의 진동이 되어 귀까지 전해져야 하는데 이때는 공기가 매질이다.

매질의 각 지점은 그 지점에서 진동하고 있을 뿐이며 매질 자체는 파동과 함께 이동하는 것은 아니다. 수면에 원형의 파도가 퍼져나갈 때 거기에 떠있는 나뭇잎은 같은 장소에서 오르내리고 있을 뿐이며 해수욕장의 경계를 나타내는 부표는 파도와 함께 거의 일정한 장소에서 진동하고 있을 뿐이다.

● 파동은 진동 에너지를 전달한다

파동이 발생하려면 외부에서 힘을 가해 물체의 일부를 진동시키는 일을 해야 한다. 파동은 그 일이 진동 에너지가 되어 물체 내부를 잇달아 전달하는 현상이라고도 할 수 있다. 예를 들어 지표 부근에서 일어난 급격한 지각변동으로 인한 진동이 파동이 되어 지표까지 전달하는 현상이 지진이다. 그때의 에너지는 지진파와 함께 땅속에 전해진다. 이때 그 에너지가 바다에 전달되어 해일이 일어나기도 한다.

● 횡파와 종파

진동의 형태에는 두 가지가 있는데 파동의 진동 방향과 수직으로 매질이 진동하는 파동을 횡파, 파동의 진동 방향과 같은 방향으로 매질이 진동하는 파동을 종파라고 한다.

긴 끈의 끝을 잡고 위아래로 흔들면 그림 55와 같이 파동이 왼쪽에서 오른쪽으로 진행된다. 끈의 각 부분 운동은 파동이 진행하는 방향과 수직이므로 횡파다.

용수철의 한쪽 끝을 수평으로 고정하고 다른 한쪽 끝을 손으로 잡고 좌우로 움직이면, 어떤 부분은 간격이 작고 빽빽한 곳인 '밀(密)'이 되고 어떤 부분은 간격이 크고 듬성듬성한 곳인 '소(疎)'가 된다. 용수철의 각 지점은 파동이 이동하는 방향과 동일한 방향으로 진동하므로 종파에 해당한다. 혹은 소밀파라고 한다.

횡파에는 빛 등의 전자파, 종파에는 음파가 있다. 지진파는 초기미동인 P파가 종파이고 주요동인 S파가 횡파다.

횡파에서는 골에서 이웃한 골(혹은 마루에서 이웃한 마루)까지의 거리를 파장이라고 한다.

종파에서도 용수철이 오른쪽으로 이동한 경우를 +(플러스)로 하고 이동한 양을 위쪽 화살표로 나타내며, 왼쪽으로 이동한 경우를 -(마이너스)로 하여 아래쪽 방향의 화살표로 나타낸다. 화살의 끝을 연결시키면 횡파와 같은 도형을 만들 수 있다.

[그림 55] ● 종파와 횡파

■ 종파 (소밀이 전해지는 파동)

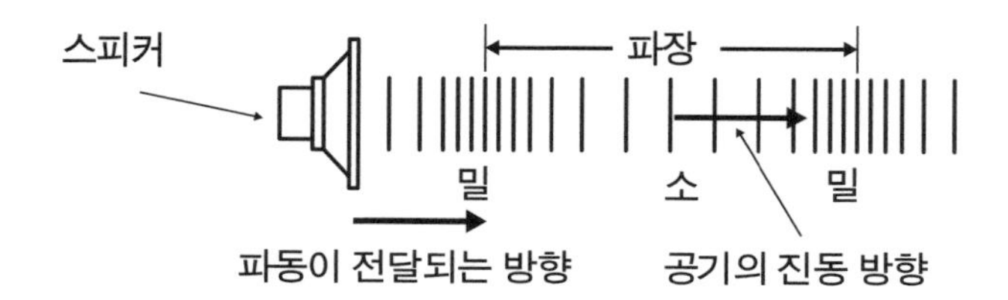

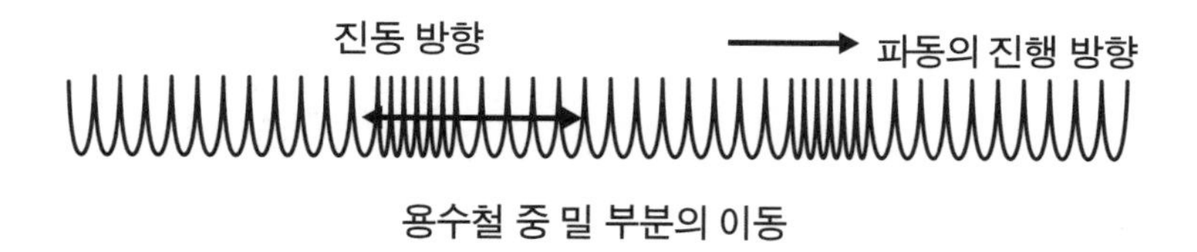

용수철 중 밀 부분의 이동

■ 횡파 (물체의 이동이 전달되는 파동)

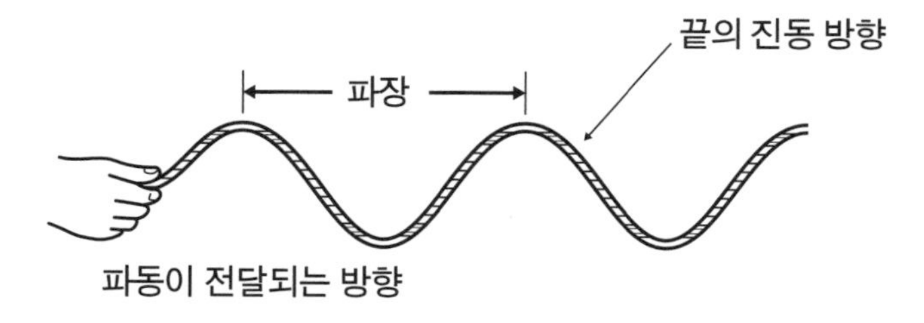

· 종파는 x축 방향으로의 변위를 y축 방향으로 바꿔서 표시하면 횡파처럼 표시할 수 있다

[그림 56] ● 파동의 파장과 진폭

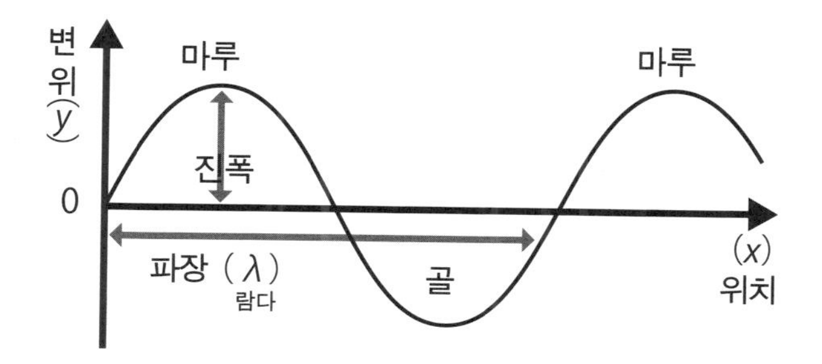

이렇게 해서 파동을 곡선으로 나타낸 것을 파형이라고 한다. 파형의 가장 높은 위치를 마루, 가장 낮은 위치를 골이라고 한다. 마루의 높이(골의 깊이)를 진폭이라고 한다. 진동의 중심으로부터 측정한 매질의 위치를 변위라고 한다.

종축은 x축 방향으로의 변위를 y축 방향으로 바꿔서 나타내면 횡파처럼 나타낼 수 있다.

[그림 57] ● 종파를 횡파로 변환하여 나타내는 방법

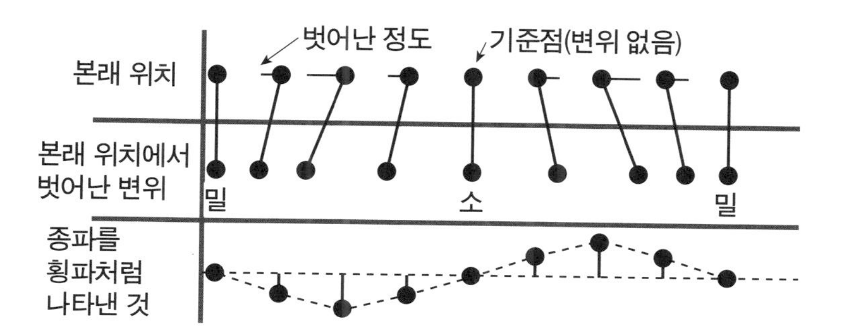

· 진행 방향으로 벗어난 정도를 위로, 진행 방향과
반대 방향으 로 벗어난 정도를 아래에 표시한다.

● 주기와 진동수

진자의 운동에서 보듯이 진동의 1왕복 시간이 주기이고 1초 동안 왕복한 횟수는 진동수다.

파동 또한 매질의 각 지점이 한 번 진동하는 시간을 주기라고 한다. 1초에 파원 또는 매질이 반복하는 진동 횟수가 진동수다.

진동수 5(Hz)는 1초에 5회 진동한다는 뜻이므로 한 번 진동할 때의 시간, 즉 주기 T는 다음과 같이 계산한다.

$$T = \frac{1}{f}$$

● 파동의 속력

1주기가 지나면 매질은 원래 상태로 돌아오고 파동의 마루는 1파장만큼 나아간다. '속력 = 거리 ÷ 시간'이므로 파장을 λ(m), 주기를 T(s), 파동의 빠르기를 v(m/s)라고 하면 다음과 같은 식이 성립한다.

$$v = \frac{\lambda}{T}$$

여기에 T = 1/f를 대입하면 다음과 같은 관계가 성립한다.

파동의 속력(v) = 진동수(f) × 파장(λ)

● 파동의 독립성

용수철을 길게 잡아당기고 양 끝을 두 사람이 잡고 마루가 하나인 파동을 양쪽에서 보내보자. 2개의 파동이 가운데에서 충돌하면 2개의 마루를 겹친 커다란 마루가 순간적으로 생긴다. 하지만 그 뒤 2개의 파동은 원래의 높이로 돌아가 다시 2개가 된다.

두 파동의 한쪽을 마루, 다른 쪽은 골로 만들어서 충돌시켜보면 순간적으로 두 파동이 사라지지만 그 뒤 원래대로 돌아가 그대로 진행한다.

[그림 58] ● 파동의 독립성

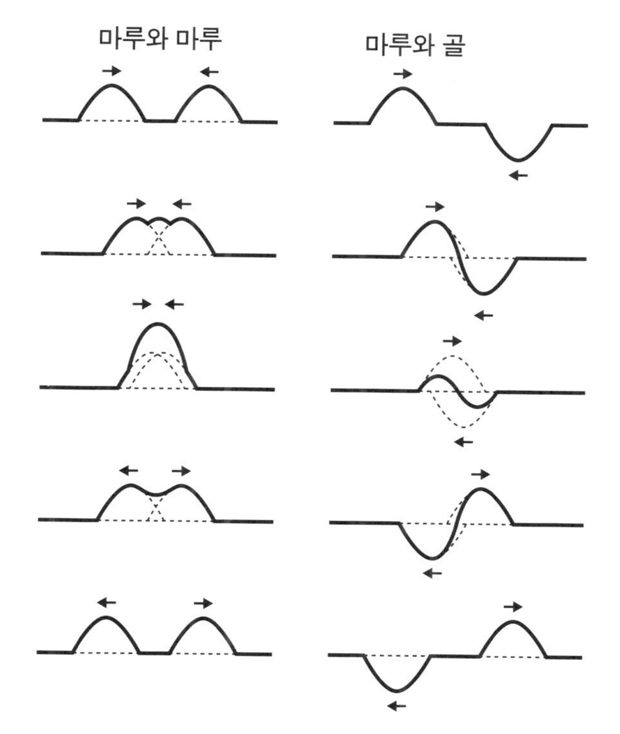

2개의 공이 충돌하면 서로 튕겨나가지만 파동의 경우, 2개의 파동은 서로 형태를 바꾸지 않고 그대로 진행한다.

이 성질을 파동의 독립성이라고 한다. 수면에 퍼지는 파동이나 음파 등 모든 파동은 이 성질을 갖고 있다.

두 파동이 부딪칠 때, 마루와 마루가 겹치면 파동이 보강되어 더 큰 마루가 생기고, 마루와 골이 겹치면 상쇄되어 사라진다. 각각 원래 파동의 변위를 합친 형태가 되는 것을 파동 중첩의 원리라고 한다. 이렇게 중첩된 파동을 합성파라고 한다.

[그림 59] ● 마루와 마루가 겹친다, 마루와 골이 겹친다.

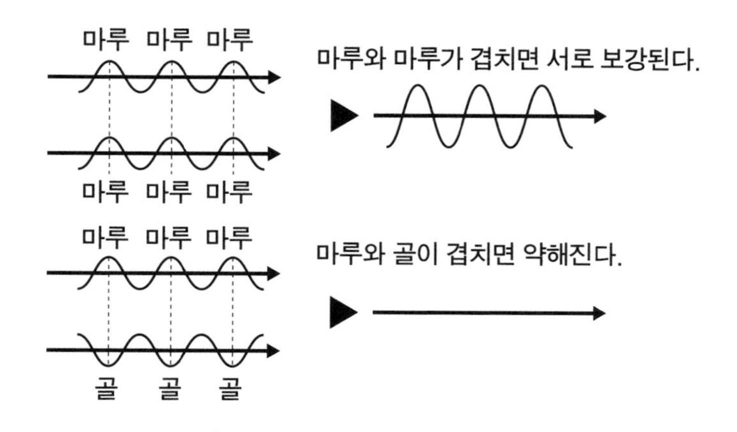

● 정상파

줄의 끝부분을 고정하고 다른 한쪽 끝을 흔들면 줄은 그림과 같이 일정한 형태로 진동한다.

오른쪽으로 진행하는 파동은 막혀 있는 끝에서 반사되어 반대 방향의 파동으로 바뀌면서 서로 반대로 진행하는 파동이 작용한다. 그러면 마치 파동이 진행하지 않고 정지해 있는 것처럼 보인다. 원래 파동과 같이 진행하는 파동을 진행파라 하고 파동이 겹친(중첩) 결과로 좌우로 이동하지 않는 파동을 정상파라고 한다.

또한 마루가 되거나 골이 되어서 진폭이 커지는 곳을 배, 양 끝처럼 진동이 없는 곳을 마디라고 한다.

[그림 60] ● 밧줄을 이용해 정상파를 만든다.

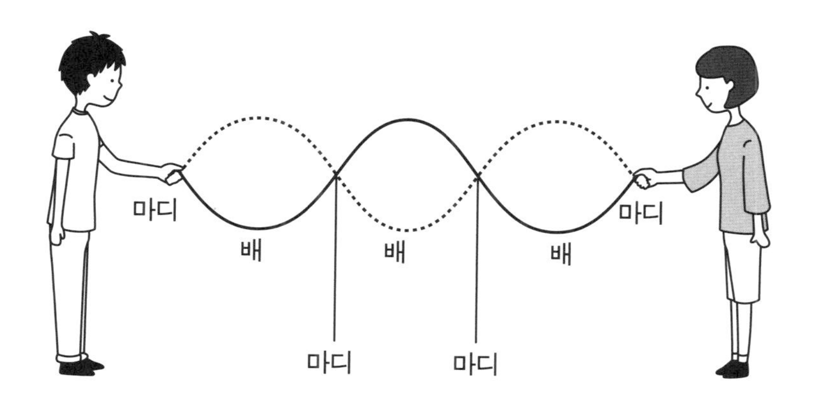

· 긴 밧줄이나 코일 스프링을 이용해 양쪽에서 파동을 일으키면 정상파를 만들 수 있다

● **파동의 반사**

파동이 매질의 끝이나 다른 매질과의 경계면에서 방향을 바꾸어 되돌아오는 현상을 반사라고 한다. 끝이나 경계를 향해 이동하는 파동을 입사파, 거기서 되돌아오는 파동을 반사파라라고 한다.

파동이 반사하는 모양은 단이 자유롭게 움직일 수 있는 자유단인지 고정된 고정단인지에 따라 다르다. 그러면 수면 파동이 부두에 밀려올 때는 자유단일까, 고정단일까?

'부두의 벽이 움직이지 않으니까' 고정단이라고 생각하면 안 된다. 여기서 눈여겨볼 것은 매질과 파동이다. 수면 파동의 경우, 물이 매질이다. 수면 파동의 진동은 부두에서 상하로 자유롭게 움직일 수 있어서 자유단이다.

자유단에서는 마루가 오면 마루가 반사하고 골이 오면 골이 반사한다.

매질의 진폭은 반사하는 순간 커진다. 입사파와 반사파가 겹쳐져 각각의 파동이 변위가 2배로 커지기 때문이다.

한편 파동을 전달하는 매질이 고정되어 있는 고정단에 힘이 작용하면 반작용으로 고정단에서 매질로 힘이 작용해 입사파의 마루와 골이 역전한 반사파가 된다. 즉 마루가 입사하면 골로 반사되고 골이 입사하면 마루가 반사된다. 이것을 '위상이 어긋난다'라고 한다.

[그림 61] ● 파동의 반사

■ 자유단 반사

■ 고정단 반사

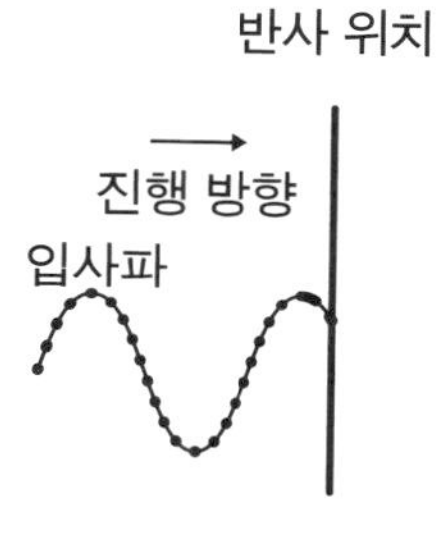

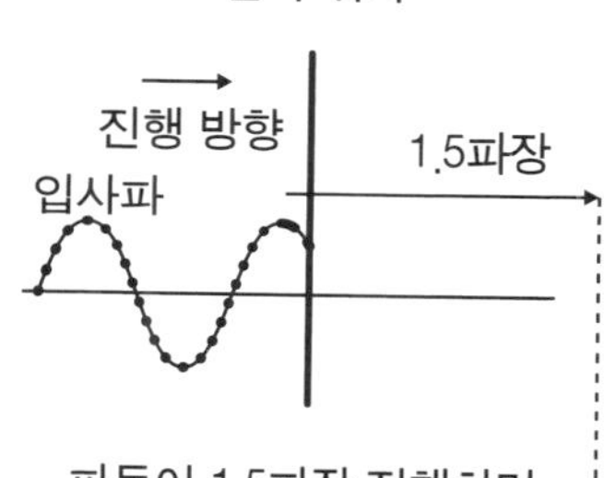

파동이 1파장 진행하면

파동이 1.5파장 진행하면

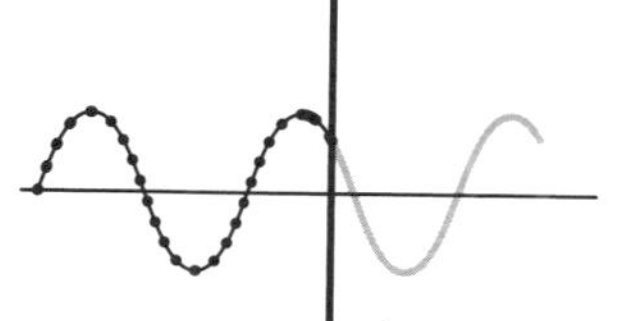

마루는 마루, 골은 골로 되돌아간다.

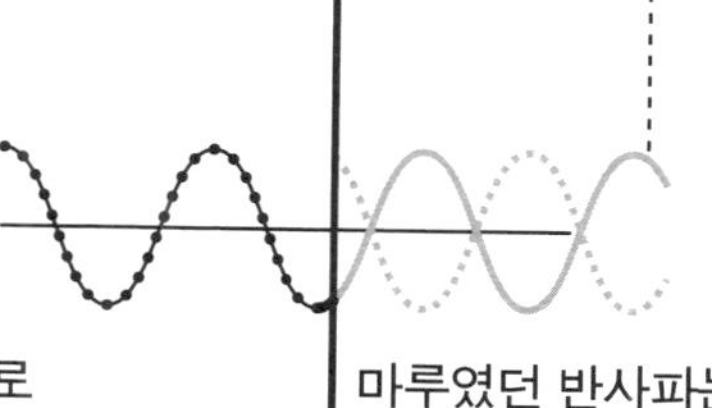

마루였던 반사파는 골이 된다.

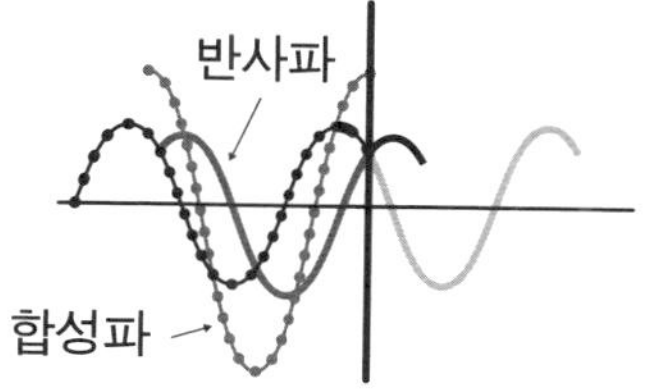

반사파

입사파

합성파

· 합성파는 배가 된다.

· 마루는 골이, 골은 마루가 된다.
· 합성파는 마디가 된다.

우리가 보는 파형은 모두 입사파와 반사파가 겹친 합성파다. 입사파와 반사파가 중첩되어 정상파가 생기는데 자유단 부분에서는 배가 되고 고정단에서는 마디가 된다.

2. 소리와 진동

● 음파란 무엇일까?

소리를 내는 물체는 떨리거나 흔들리는 식으로 진동을 한다. 공기에 퍼진 물체의 진동을 우리의 청각이 소리(음)으로 느낀다.

예를 들어 북을 둥~하고 치면 주위에 있는 물체도 진동한다. 이것은 북의 진동이 공기를 진동시켜서 공기의 진동이 주위의 물체를 진동시키기 때문이다.

우리의 고막도 진동하고 그 진동의 신호가 신경을 통해 대뇌에 전달되어 소리로 느끼는 것이다.

북의 파동이 진동하면 공기를 밀거나 당긴다. 그러면 공기에는 진한 부분(밀)과 옅은 부분(소)이 생긴다. 공기의 진하고 옅음은 공기의 밀도가 크다, 작다에 대응한다. 공기 중에 퍼지는 소리는 공기의 밀도 변화에 의해 전해져서 소밀파라고 부른다.

공기 분자는 횡파를 전달하지 못하고 종파만 전달한다. 음파는 종파다.

● 소리가 전달되는 속도

우리 귀에 들어오는 대부분의 소리는 공기를 통해 전달된다. 공기가 없는 진공 상태에서는 빛은 진행하지만 소리는 전달되지 않는다. 그러므로 공기가 없는 우주 공간에는 소리가 없다.

소리가 공기 중에 전달되는 속도는 초당 약 340m(시간당 약

1,200km)이며 따뜻한 공기에서는 다소 빨라지고 차가운 공기에서는 다소 느려진다.

기온 t(℃)일 때의 소리가 공기 중에 전달되는 속도 V(m/s)는 다음과 같다.

$$V = 331.5 + 0.6t$$

소리는 고체 내부에서도 액체 내부에서도 전달된다. 물은 공기보다 4.5배, 강철은 15배 빨리 소리를 전달한다.

◎ Column ◎

천둥소리로 천둥까지의 거리를 구하다

진공 상태에서 빛의 속도(광속)는 초당 299,792,458m(약 30만km)다. 현재 1m의 길이는 이 빛의 속도로 정의된다.
빛과 소리 중 빛이 훨씬 빠르기 때문에 번개가 번쩍이고 천둥소리가 들릴 때까지는 시차가 발생한다. 빛이 도달하는 데 걸리는 시간은 아주 짧다. 번개나 불꽃을 본 뒤, 그 거리는 음속을 기준으로 생각하면 된다.
예를 들어 번개가 번쩍이고 나서 15초 뒤에 소리가 들렸다고 하자.

거리 = 속도 × 시간 = 초당 340m × 15초 = 5100m

즉 5.1km 떨어진 곳에서 번개가 친 것이다.

● 소리의 삼요소

소리에는 크기(세기), 높낮이, 음색이라는 3가지 성질이 있으며 이것을 소리의 삼요소라고 한다.

소리의 크기

큰북을 세게 치거나 기타 줄을 세게 튕기면 큰 소리가 난다.

진동의 중심에서 흔들리는 폭인 진폭이 클수록 소리가 커진다.

소리의 높낮이

기타와 같은 현악기를 다룰 때 줄을 누르는 위치를 바꾸어 진동하는 부분을 짧게 하면 음정이 높아진다. 또 줄을 세게 퉁겨도 소리가 높아진다. 재질은 같지만 굵기가 다른 줄의 경우 줄이 가늘수록 소리가 높다.

소리가 높아질수록 진동수는 커진다.

[그림 62] ● 소리의 크기와 높낮이

■ 소리의 크기

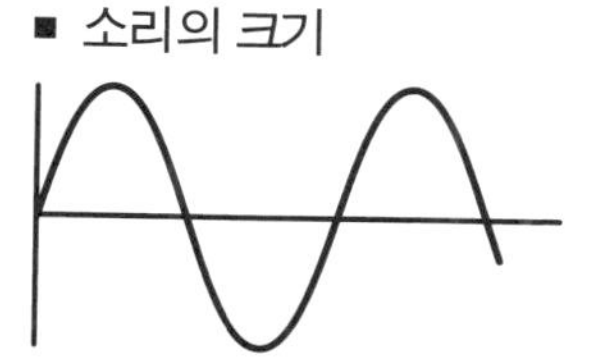

큰 소리 (진폭이 크다)

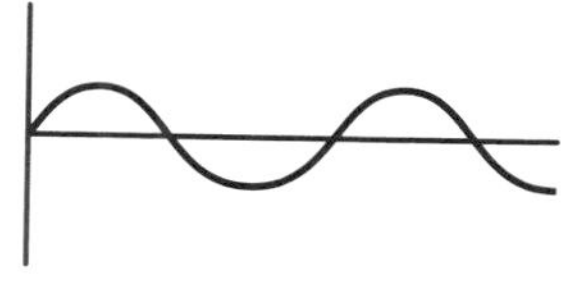

작은 소리 (진폭이 작다)

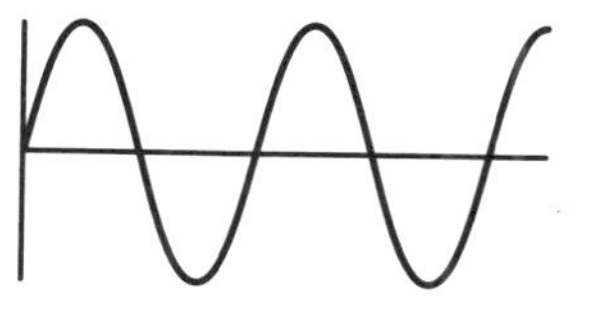

높은 소리 (짧은 파장)

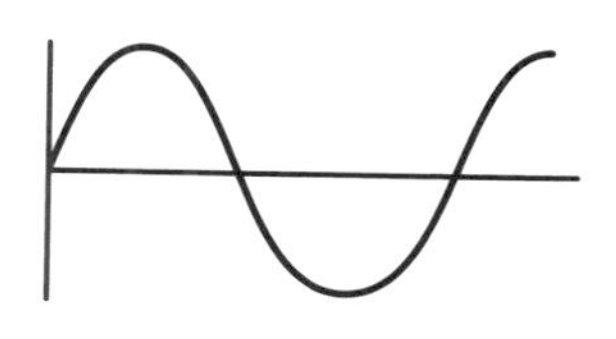

낮은 소리 (긴 파장)

[그림 63] ● 음파 (음색)

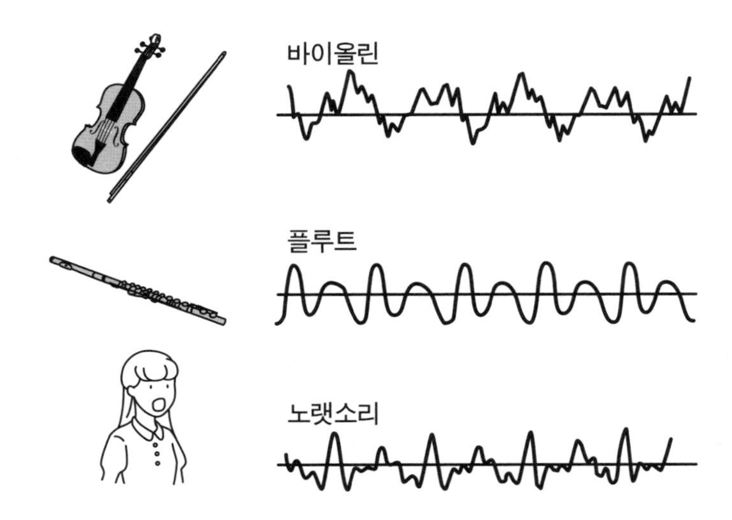

음색

우리는 악기마다 음색이 다르기 때문에 악기 소리를 구별할 수 있다. 그것은 주로 음파의 파형 차이 때문이다.

● 왜 '맥놀이'가 생길까?

음차(소리굽쇠)를 2개 준비하고 한쪽에 철사를 감거나 음차에 부속 쇠장식이 있으면 그것을 붙여 울려 보자. 진동수가 약간 어긋나 있는 두 개의 음차를 동시에 울리는 것이다.

그러면 두 개의 음차 소리가 울리면서 커지거나 작아지기를 반복한다. 이 현상을 맥놀이라 한다. 기타를 조율할 때 이용되어 음차와 줄을 동시에 울려서 맥놀이가 없어지도록 조정하면 같은 진동수가 되었다고 할 수 있다.

초당 맥놀이 진동수(맥놀이의 소리 진동수) f_0은 두 개의 음의 진동수 f_1, f_2의 차이와 같아진다. 즉 $f_0 = |f_1 - f_2|$가 된다.

그림 64와 같이 두 개의 음파가 배와 배가 겹쳐지면 소리가 크고, 상쇄되어 사라지면 소리가 작아지는 식으로 이 현상이 주기적으로 반복된다.

[그림 64] ● 맥놀이 : 진동수가 약간 다른 2가지 음차의 파동이 중첩되면서 생긴다.

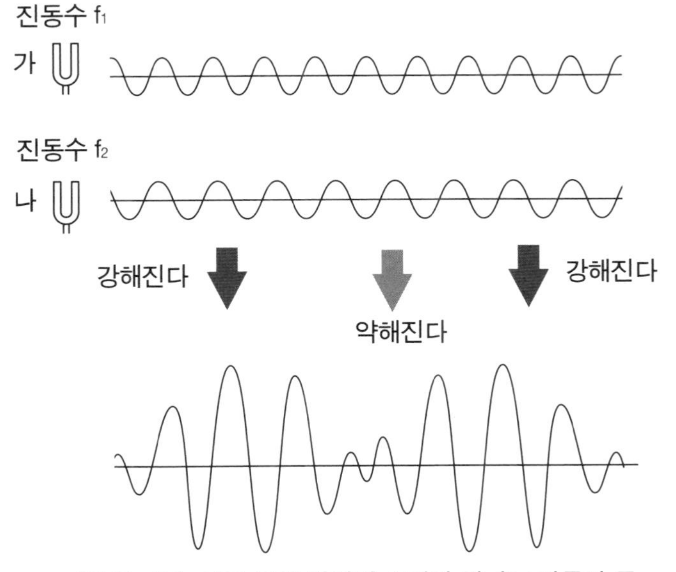

· 마루와 마루, 골과 골이 겹치면 소리가 커지고 마루와 골, 골과 마루가 겹치면 상쇄되어 소리가 작아진다.
· 1초 동안 들리는 맥놀이의 횟수, 즉 맥놀이 소리의 진동수(Hz)는 $f_0 = |f_1 - f_2|$이 된다.

● 현악기는 어떻게 소리가 날까?

바이올린, 기타, 피아노와 같은 현악기에는 모두 팽팽하게 잡아 당겨진 줄이 있으며 그 줄을 진동시켜서 소리를 낸다.

기타줄을 튕기는 모습을 살펴보자. 양 끝을 고정시킨 줄을 퉁기면 진동이 양방향으로 전해진다. 양 끝(고정단)을 향하는 파동과 고정단에서 반사되어 돌아오는 파동이 중첩되면서(겹쳐져) 양 끝을 마디로 하는 정상파가 생긴다(a).

기타줄의 중앙이나 3분의 1지점을 손가락으로 가볍게 누른 채 줄을 퉁기면 그림 (b)(c)와 같이 진동한다. 그림 (a)와 같은 진동을 기본진동이라고 한다. 또 배가 2개 생기는 진동을 2배 진동(b), 3개 생기는 진동을 3배 진동(c)이라고 한다. 기본진동 이외의 진동을 통틀어 배진동이라고 한다.

[그림 65] ● 기타 줄을 진동시킬 때 생기는 정상파

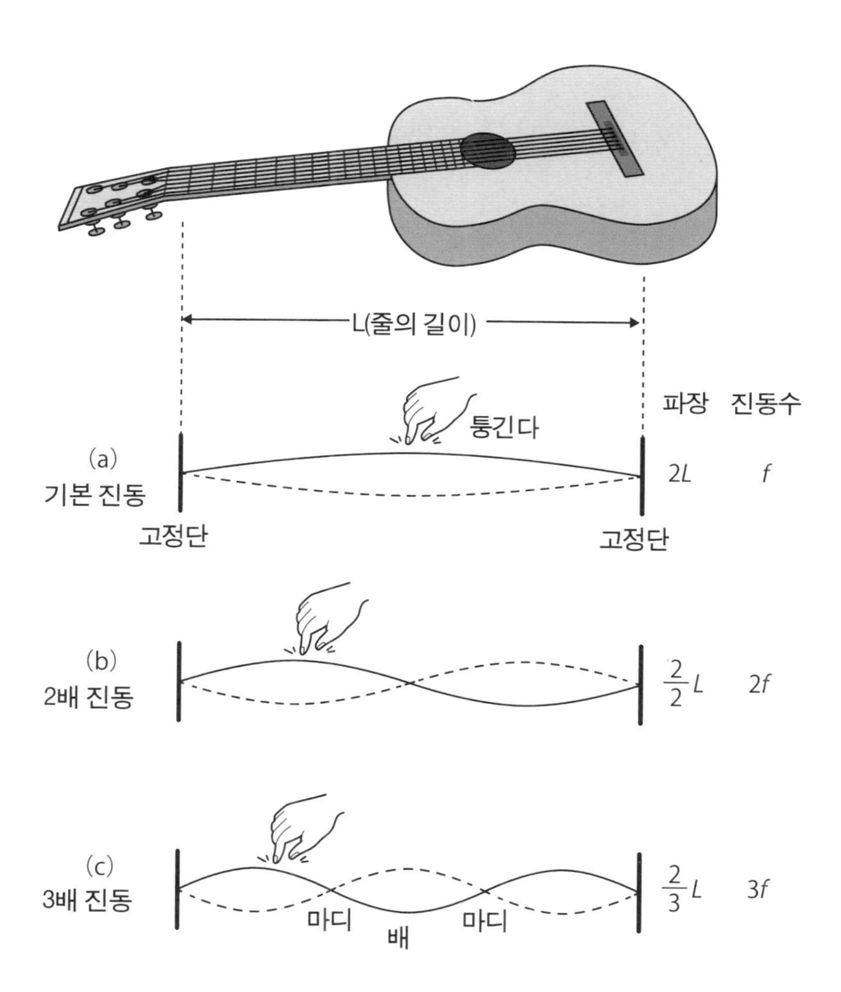

이러한 정상파는 양 끝이 진동하지 않으므로 다른 곳에 에너지를 전달하기 어렵다. 그 때문에 진동이 길게 지속된다. 정상파를 생성하는 진동수를 고유 진동수라고 한다.

정상파가 되지 않는 진동수로 줄을 진동시키려고 하면 양 끝을 무리하게 진동시켜야 한다. 그러나 그 경우 끝에서 줄을 지탱하는 물체로 에너지가 이동하기 때문에 진동이 계속되지 않는다.

줄뿐 아니라 어떤 물체든 그 물체의 구조와 물체를 만들고 있는 물질의 성질에 의해 정해지는, 무한히 많은 고유 진동수가 존재한다. 물체를 진동시킬 때 배진동이 어떤 비율로 섞이는지는 진동을 시키는 방법에 달려있다. 연주자나 악기에 따라 바이올린의 음색이 다른 것은 배진동이 섞이는 방식이 악기나 연주법에 따라 다르기 때문이다.

● n배 진동수를 구하는 식

길이 L(m)의 줄 가운데를 튕기면 배가 1개인 정상파가 생기는데 파장은 2L이다. 이때의 진동수를 f라고 하자.

마찬가지로 가운데나 3분의 1지점을 손가락으로 가볍게 누른 상태에서 줄을 튕기면 2배 진동이나 3배 진동의 정상파가 생긴다. 파장은 각각 L, 3분의 2L이 되고 일반적으로 n배 진동일 때는 2L/n(m)이다.

줄의 진동수 f(Hz)는 속도 v(m/s)이므로

v=fλ 에서 $f=\frac{v}{\lambda}$의 λ 에 2L/n을 대입하면 다음과 같다.

$$f=\frac{v}{2L}\times n$$

● 기주 공명 장치에 생기는 정상파

기주에서 퍼지는 음파는 양 끝에서 여러 번 반사한다.

폐관은 한쪽 끝은 열렸고 한쪽 끝은 닫혀있다. 닫힌 쪽에서는 음파를 전달하는 공기가 자유롭게 진동할 수 없으므로 고정단 반사를 한다. 닫힌 쪽에는 정상파의 마디가 발생하고 열린 쪽 끝은 배가 된다. 배진동의 진동수는 기본진동의 홀수 배가 된다.

개관은 양쪽 끝이 열려 있다. 열린 끝에서는 파동의 일부는 밖으로 나가지만 일부는 자유단 반사를 한다. 양 끝이 배가 되는 정상파를 형성한다.

[그림 66] ● 기주에 생기는 정상파

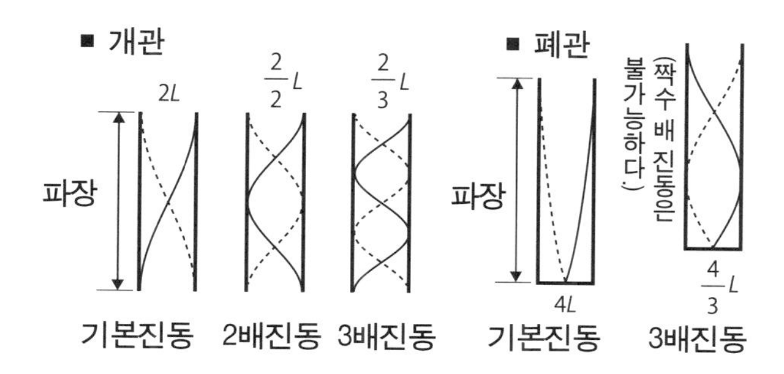

· 닫힌 끝에는 공기가 진동하지 못해 마디(고정파)가 된다.
· 또 열린 끝에는 반대로 배(자유단)가 된다.
그래서 위의 그림과 같은 정상파가 생긴다.

● 관악기는 어떻게 소리가 날까?

빈 병에 입을 대고 입김을 불면 소리가 난다. 호흡은 관 안의 공기(기둥이라고 한다)를 진동시켜 소리를 낸다. 이때 기주의 고유 진동이 호흡의 진동과 일치해 기주에 음파의 정상파를 일으켜 크게 진동하기 때문이다. 이러한 현상을 공진 또는 공명이라고 한다. 이것이 관악기의 원리다.

같은 진동수인 2개의 음차를 나란히 놓고 한쪽 음차를 두드리면 다른 음차가 울린다. 이것은 공명이 일어났기 때문이다.

기타와 같은 현악기는 속이 비어있다. 이 상자를 공명 상자라고 한다. 소리를 내는 것과 상자의 진동이 일치하면 소리가 더 커진다. 이것을 공명한다고 한다. 공명 상자는 그런 목적을 가진 상자다. 그 상자가 가진 고유 진동수와 같은 진동수의 소리를 증폭시킨다.

관악기에는 두 가지 종류가 있는데, 하나는 끝이 열린 악기(개관)이고 다른 하나는 끝이 닫힌 악기(폐관)이다.

폐관인 악기는 별로 없으며, 클라리넷 류의 악기는 관이 닫혀있는 것은 아니지만, 음향상으로는 아래의 가장자리 부근이 고정단이 되므로 폐관 악기에 속한다. 그 외 관악기는 대부분 개관형에 속한다.

빈 병을 불 때는 폐관으로서의 진동을 발생시킨다. 병에 물을 담아 기주의 높이를 바꿔서 불어보면 기둥이 길면 낮은 소리, 짧으면 높은 소리가 난다. 현악기의 줄 길이와 음의 높낮이와의 관계와 비슷하다고 할 수 있다.

관악기는 관 중간에 뚫린 구멍을 막아서 관의 진동 파장을 변화시켜 음높이를 바꾼다. 물론 트롬본과 같은 악기들은 관의 일부를 넣었다 뺐다 하며 길이를 바꿈으로써 음의 높이를 바꿀 수 있다. 파이프 오르간은 매우 낮은 소리부터 높은 소리까지 폭넓은 음정을 내기 위해 천 개 이상의 길이가 다른 파이프를 사용한다.

CHAPTER FOUR

제 4 장

전기의 정체와 작용을 알자

WARM-UP!

자전거 페달을 밟으면
전구가 켜지는 발전기는
어떤 원리로 전기를
만들어낼까?

☞ ☞ ☞

A

자전거 발전기는 중앙에 원통형 영구자석이 있고 그 주위에 구리선(코일)이 감겨 있다. 자전거 페달을 밟으면 바퀴에 부착된 호리병 모양의 발전기 상부의 회전축이 돌아가면 내부의 원통형 자석이 돌아간다. 그러면 코일에 전류가 흐른다.

발전소의 발전기에 있는 전자석은 주변 코일로부터 전류를 추출하기 위해 영구자석 대신 회전한다. 자전거 발전기와 다른 점은 영구자석 대신 전자석을 사용한다는 점이지만 자석과 코일로부터 전기를 생산하는 것은 같다.

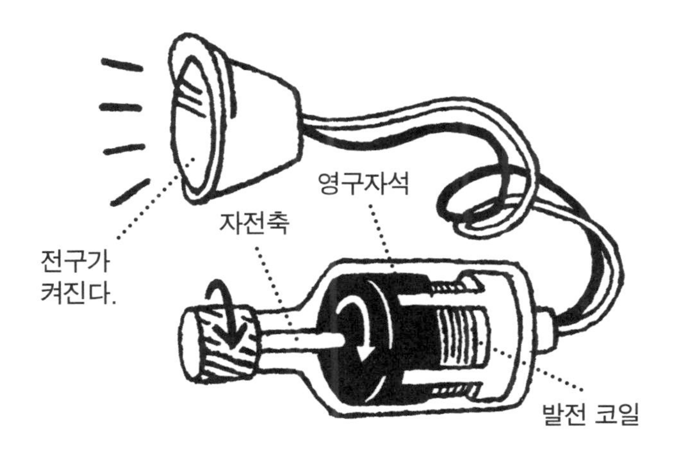

1. 전기의 정체와 회로

● 우리 주변에 흔히 볼 수 있는 정전기

옷을 입은 겨드랑이 밑에 플라스틱 받침을 끼우고 여러 번 문지른 뒤 머리카락에 대면 머리카락이 받침에 달라붙는다.

건조한 겨울날, 문의 금속 손잡이를 만지면 찌릿한 느낌과 함께 옷이 몸에 달라붙는다. 어두운 곳에서는 때때로 불꽃이 보이기도 한다.

이것은 모두 정전기의 작용이다.

서로 다른 물체를 문지르면 정전기가 발생한다. 이것을 마찰 전기라고 한다.

반면 배터리와 가정용 콘센트의 전기는 동전기라고 한다.

정전기는 양극(+전하)와 음극(-전하)을 갖고 있다. 예를 들어 염화비닐(폴리염화비닐)로 만든 지우개로 빨대를 문지르면 양전기가 생긴다. 다른 종류의 전기끼리는 서로 끌어당기고 같은 종류의 전기는 서로 반발하면서 밀어낸다. 이 힘을 정전기력이라고 한다.

[그림 67] ● 정전기가 발생하는 원리

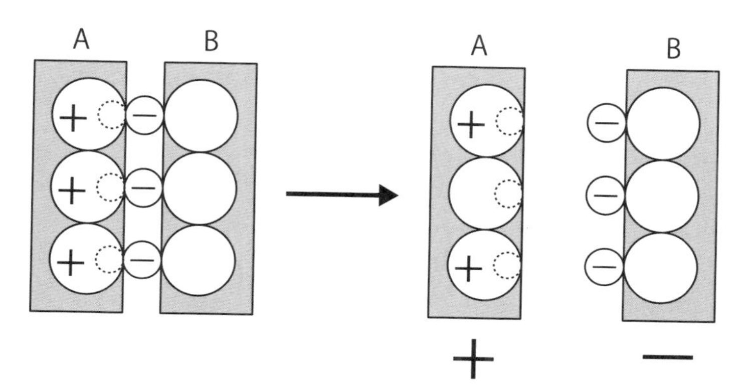

A 물체의 원자가 가진 전자의 일부가 B물체로 이동하면 A는 + 전기가 많아지고 B는 – 전기가 많아진다.

[그림 68] 원자의 구조(탄소원자)

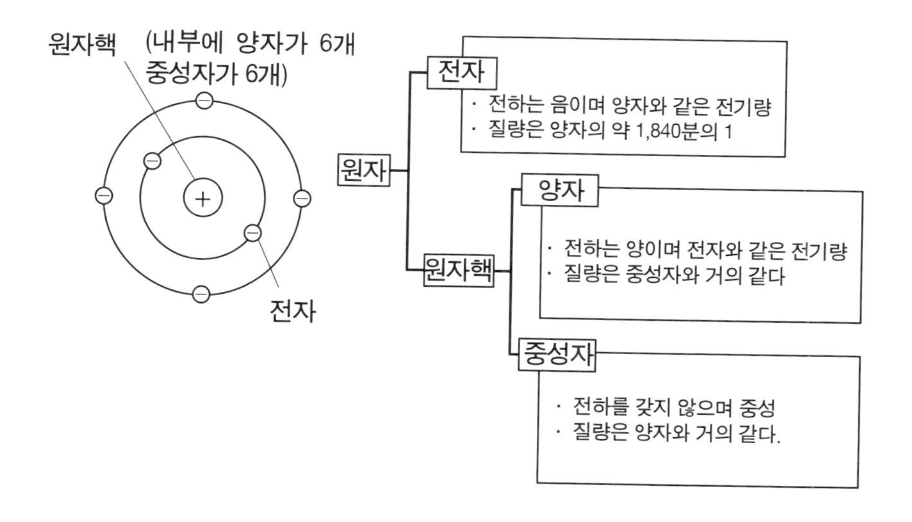

● 정전기가 발생하는 이유 — 비밀은 원자에 있다

정전기는 왜 발생할까? 물체를 만드는 원자에 비밀이 있다.

모든 것은 원자로 이루어진다. 원자는 중심의 플러스 전기를 가진 원자핵과 주위에 마이너스 전기를 가진 전자들로 구성된다.

보통 원자의 양전기와 음전기는 플러스 마이너스 0이다.

원자핵은 원자의 중심에 있어 제거하기가 매우 어렵지만, 외부 전자는 제거하기 쉽다.

원자 전체로 볼 때, 전기는 양전하와 음전하 사이에서 균형을 이룬다. 그러므로 원자가 모여서 이루어진 물체도 플러스 마이너스 0이다.

두 종류의 물체를 서로 비비면 더 쉽게 제거되는 물체의 전자가 덜 쉽게 제거되는 물체로 이동한다. 그러면 전자가 이동하여 들어간 쪽이 마이너스 전기가 많아져 마이너스 전기를 띠며 전자를 잃은 쪽은 그만큼 양전기를 띠게 된다.

또 앞에서도 언급했듯이, 플러스 전기와 마이너스 전기를 정확하게는 (+)전하, (-)전하라고 한다.

● 절연체와 도체

플라스틱이나 고무 등 전기가 흐르기 어려운 물질을 절연체(=부도체)라고 하는데 절연체에는 보통 정전기가 계속 흐르지 않고 축적된다. 정전기가 축적된 물질에 금속처럼 전기를 쉽게 전하는 물질(도체)을 접하게 하면, 전기는 금속을 통해 전류가 되어 단번에 축

적되었던 전기가 흐른다. 순식간에 전기가 흐르다가 이동해 버리면 그 이후에는 전기가 흐르지 않는다.

전기가 쉽게 흐르는 금속은 금속 내부를 자유롭게 돌아다닐 수 있는 자유전자를 갖고 있다.

전기는 이 자유전자가 움직이면서 전달된다. 절연체는 자유전자가 없으므로 전자가 이동하지 않고 축적된다.

금속도 조건이 충족되면 정전기를 모을 수 있다. 쌓인 전기가 달아나지 않는 상태로 만들면 된다.

● 전류는 전자의 흐름

전하를 띤 물체가 가지고 있는 전기를 전하라고 한다. 그 양을 전기량이라고 하며 단위는 C(쿨롬)이다. 전자 1개가 가지는 전기량은 -1.60×10^{-19}C이며 그 절댓값을 전기소량(더 이상 나눌 수 없는 최소의 전기량이라는 뜻)이라고 한다.

전류는 전지 등 전원의 양극에서 나와 도선을 흘러 전구를 빛나게 하거나 모터를 돌리거나 하여 다시 도선을 흘러 전원의 음극으로 돌아간다. 이렇게 빙글 한 바퀴 전류가 흐르는 경로를 전류 회로(회로)라고 한다.

전류는 전원 공급기의 양극에서 음극으로 흐른다고 되어 있지만, 실제로 금속 내부에서는 자유전자가 음극에서 나와 양극으로 흐른다. 그렇지만 전류의 정체가 전자임을 몰랐던 시대에 그렇게 정했기 때문에 지금도 전류의 방향은 양극에서 음극으로 흐른다고 규정한다.

[그림 69] ● 금속과 자유전자

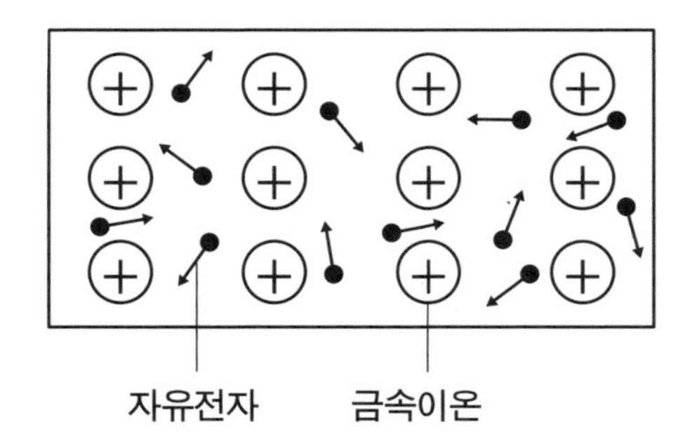

· 금속 내의 자유전자는 제각기 움직인다.
· 금속 원자는 양이온이다

[그림 70] ● 도선 안의 전류와 전자

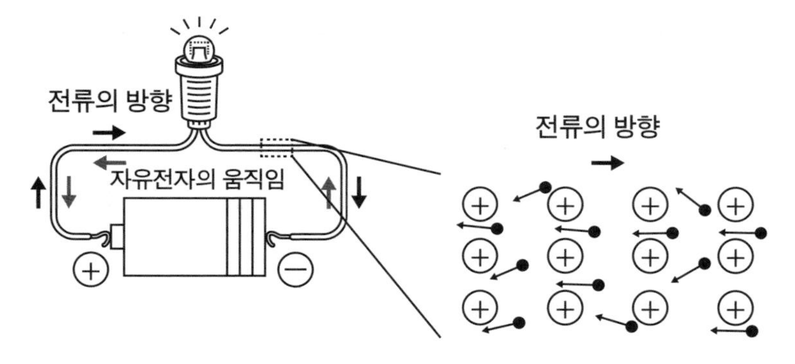

· 전압을 가하면 제각기 움직이던 자유전자가 전원의 음극에서 양극으로 이동한다 (전류와 반대 방향)

도선(금속 등 도체)을 통과하는 전류의 크기는 단위 시간당 도선의 단면을 통과하는 전기량으로 나타낸다. 전류 크기는 단위 A(암페어)를 사용한다. 1A는 초당 1C(쿨롬)의 속도로 도체의 단면을 통과하는 전류이다.

쿨롬은 약 6.24×10^{18} 의 전자가 가진 전기량과 같으므로 1A는 1초에 약 6.24×10^{18} 전자가 도체를 통해 흐르는 상태다.

전류 I(A), 전기가 흐르는 시간 t(s), 그동안 흐르는 전력량 q(C)은 다음과 같이 표현할 수 있다.

$$I = \frac{q}{t}$$

2. 회로는 어떻게 되어 있을까?

● **전압은 전류를 흐르게 하는 작용이다.**

전압은 전류 흐름의 크기를 나타내며 전압의 단위는 V(볼트)다.

전압은 전기를 가진 자유전자와 이온에 압력을 가하는 작용이다. 전류를 물의 흐름에 비유하면 전압은 수압이나 펌프 작용과 같다.

건전지의 전압은 1.5V이고 가정용 콘센트는 220V다.

정전기의 전압은 수천에서 수만 볼트에 달할 정도로 매우 높은 편이다. 하지만 찌릿하기만 하고 죽지 않는 이유는 전류(이동하는 전자의 수)가 매우 적기 때문이다. 1cm의 불꽃이 튀면 약 1만 볼트 이상의 전압이 걸려 있다.

자연계에 존재하는 정전기인 번개는 양전기를 띤 부분과 음전기를 띤 부분이 수억에서 10억 볼트의 전압이 되면 방전, 즉 공기 중에 거대한 전류가 흐르게 된다. 번개는 자연계에서 볼 수 있는 거대한 방전이다.

● **옴의 법칙**

전류가 일을 하는 곳은 전류를 방해하는 특성(저항)이 있다. 저항의 단위는 Ω(옴)이다.

회로가 있는 구간에 전압을 가하면 전압에 비례하여 전류가 흐른다. 즉 전류 I는 저항 R에 반비례하고 전압 V에 비례하며 다음과 같은 식으로 표현한다.

V = RI 이 식을 변형하면 $I = \dfrac{V}{R}$

[그림 71] ● 옴의 법칙

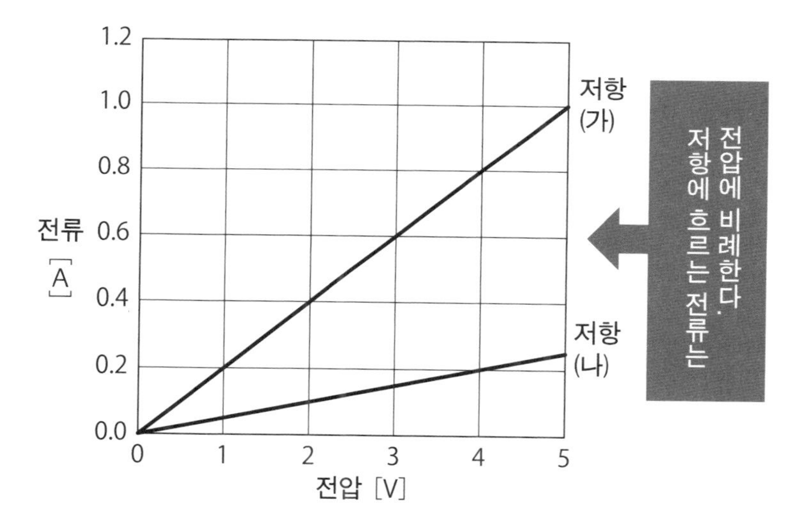

이것을 옴의 법칙이라고 한다.

그림 71에서 (가)와 (나)에 같은 4V의 전압을 가하면 각각 0.8A와 0.2A의 전류가 흐른다. 옴의 법칙으로 보면 각 저항은 5Ω, 20Ω이 된다.

● 저항의 크기

저항은 도체의 길이에 비례하고 단면적에 반비례한다. 이것을 식으로 나타낼 때의 비례정수가 저항율 ρ(로)이며 재질의 종류에 따라 다르다.

도선의 길이 L(m), 단면적 S(㎡)이라고 하면 저항 R(Ω)은 다음과 같다.

$$R = \rho \frac{L}{S}$$

ρ의 단위는 Ω · m(옴 미터)이다.

● 저항의 직렬연결과 병렬연결

하나의 전원 공급 장치를 사용하여 두 개의 저항을 연결하는 방법에는 두 가지가 있다.

전류를 나누지 않고 연결하는 방법을 직렬연결, 둘 이상의 전류 흐름 경로로 연결하는 방법을 병렬연결이라고 한다.

직렬연결에서는 동일한 크기의 전류가 회로 전체에 흐른다. 회로의 각 저항에 가해지는 전압을 더한 값이 전원의 공급 전압이다.

병렬연결에서는 전류가 각각의 저항을 통해 흐르지만, 전압은 모든 저항에 동일하게 적용된다.

[그림 72] ● 직렬회로의 전류와 전압

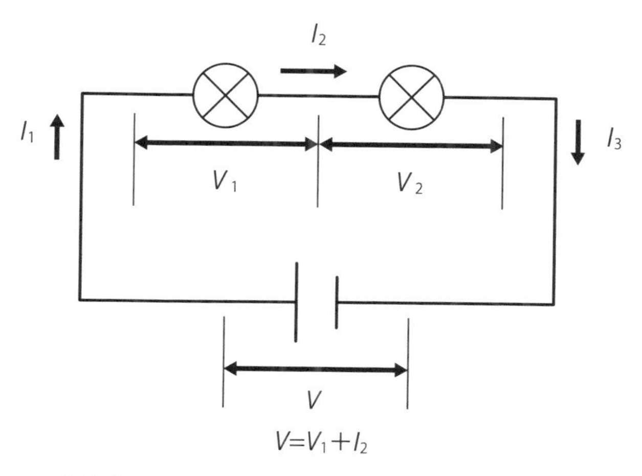

$V=V_1+I_2$

- 전류 I는 모두 같은 크기 $I_1 = I_2 = I_3$
- 전압은 $V = V_1+V_2$

[그림 73] ● 병렬회로의 전류와 전압

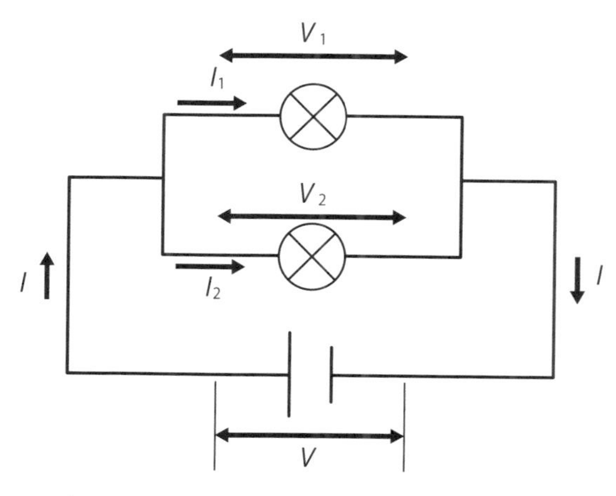

- 전압 E는 각 저항에 동일하게 걸리므로 전압은 $V = V_1 = V_2$
- 전류는 $I = I_1 + I_2$

2개의 저항을 합쳐서 1개의 저항으로 인식할 때의 저항 값을 합성저항이라고 한다. 합성저항을 RΩ이라고 하면 직렬연결은 다음과 같이 나타낼 수 있다.

$$R = R_1 + R_2$$

병렬연결은 다음과 같다.

$$\frac{1}{R} = \frac{1}{R_1} + \frac{1}{R_2}$$

가정용 배선은 병열회로라서 모든 전기제품에 같은 전압이 적용된다. 병렬회로의 경우 한 곳의 전기기구 스위치가 끊어져도 다른 곳은 끊어지지 않는다.

3. 전기의 작용

● 물체에 전류가 흐르면 발열한다.

열은 전열선뿐 아니라 금속선에 전류를 흘려보내도 발생한다. 모든 물질에는 전류가 흐르면 열이 발생한다.

금속에는 어떤 원자에도 속하지 않는 자유전자가 존재한다. 금속선에 전압을 가하면 자유전자가 한 방향으로 이동한다. 그것이 바로 전류다. 이때 자유전자는 금속원자(이온으로 되어 있음)와 충돌해 원자의 진동이 심해진다. 즉 온도가 올라간다.

[그림 74] ● 금속에 전류를 흘려보내면 열이 발생한다.

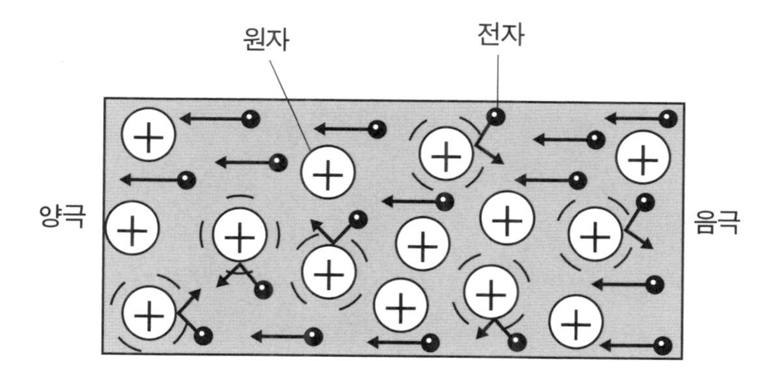

· 자유전자가 금속이온과 충돌해 금속이온의 열진동을 활발하게 한다.

발열량은 전류와 전압에 비례한다. 따라서 '전류 × 전압'을 전류에 의해 발생하는 열의 양으로 생각한다.

이 '전류 × 전압'을 전력이라고 한다.

전력 단위는 W(와트)이고 '1A(암페어) × 1V(볼트)'는 1W(와트)이다. 또한 1kW(킬로와트) = 1000W(와트)다.

전압 V(V), 전류 I(A), 전원 P(W)는 다음과 같은 식이 성립한다.

$$P = VI$$

실제 발열량은 전력뿐 아니라 전류가 흐르는 시간 t에도 비례한다. 전력 × 시간을 전력량이라고 한다.

'1W(와트) × 1초 = 1Ws(와트 초)'인데 여기서 1Ws는 1J(줄)이다.

전력량을 W(J)라고 하면 다음과 같이 나타낼 수 있다.

$$W = Pt = VIt = RI^2t = \frac{V^2}{R}t$$

이 전력량이 모두 열(줄열)로 변환되면 전력량 W(J)는 발열량 Q(J)와 같아진다.

전기 장치에는 '100V - 500W' 등이 표시되어 있다. 이것은 '전압 100V를 가하면 500W의 전력을 소비하는 기구'라는 뜻이다. '전력 P(W) = V(V) × I(A)'라는 식에서 전류의 세기는 5A임을 알 수 있다. 100V와 5A를 옴의 법칙 'V(V) = 저항 R × I(A)'에 대입하면 저항은 20Ω임을 알 수 있다.

● 전류가 만드는 자기장

도선에 전류를 흘려보내면 그림 75와 같이 전류 주변에 자기장이 생성된다.

전류 주변에 발생하는 자기장 방향은 그림과 같이 오른쪽 나사를 돌리는 이미지로 생각하면 기억하기 쉽다. 이것을 오른 나사의 법칙이라고 한다.

도선을 고리 모양으로 만든 철사를 코일이라고 한다. 그림 76과 같이 코일을 통해 전류가 흐르면 각 도선에서 오른 나사의 법칙을 따르는 방향으로 자기장이 생성된다. 도선 주위의 자기장이 서로 강해지고 코일에는 그림 76과 같은 자기장이 생성된다.

자기장의 방향을 고려할 때 오른 나사의 법칙을 적용해서 생각해도 되지만, 오른손을 사용해 간단하게 자기장의 방향을 확인할 수도 있다(그림 76 오른쪽).

[그림 75] ● 전류 주변의 자기장

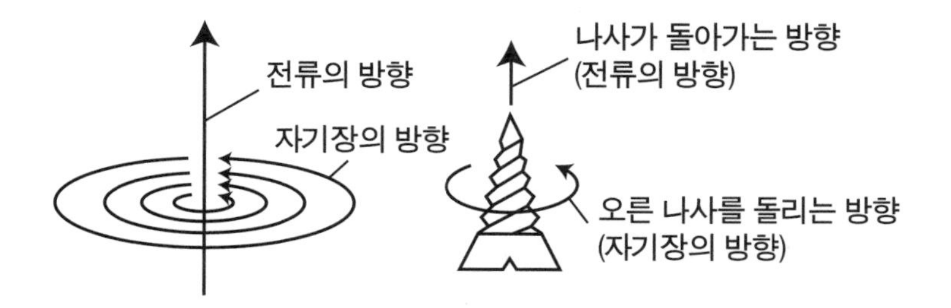

• 직선 도선에 전류를 흘려보내면 도선 주위에는 동심원 모양의 자기장이 생성된다

• 전류의 방향을 나사가 돌아가는 방향이라고 하면 생성되는 자기장의 방향은 나사를 돌리는 방향이 된다.

[그림 76] ● 코일에 발생하는 자기장

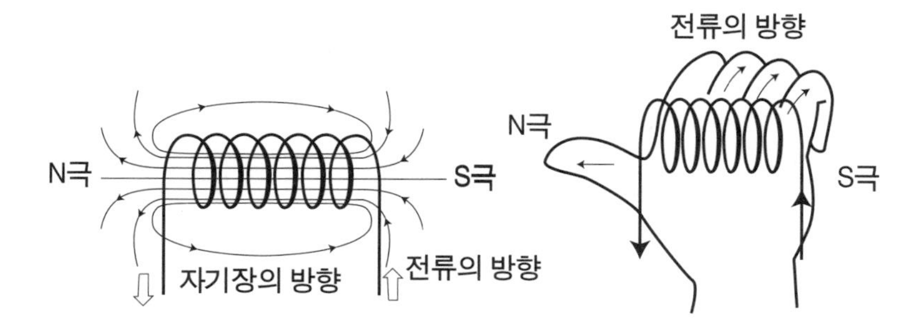

• 코일에 전류를 흘려보내면 각 도선 주위의 자기장이 겹친다.

• 오른손 엄지손가락 외의 손가락을 코일에 흘려보내는 전류 방향으로 맞추면, 엄지손가락이 N극이 된다.

● 모터의 원리

자기장에서 전류는 힘을 받는다. 자기장 내 전류에 가해지는 힘의 방향은 그림과 같이 왼손의 엄지, 검지, 중지를 각각 직각으로 만들고 검지를 자기장 방향, 중지를 전류의 방향으로 향하면 엄지의 방향이 힘의 방향이 된다. 이 관계를 플레밍의 왼손 법칙이라고 한다(그림 77).

모터는 자기장에서 전류가 받는 힘으로 회전한다(그림 78).

● 발전의 원리

코일에서 자기장을 변화시키면 전류가 발생한다. 이 현상을 전자유도라고 한다. 또 전자유도에 의해 발생하는 전류를 유도전류라고 한다.

유도전류는 '코일이 감긴 수가 많을수록, 자석을 빨리 움직일수록, 자력이 강해질수록' 큰 전류가 흐른다.

[그림 77] ● 플레밍의 왼손 법칙

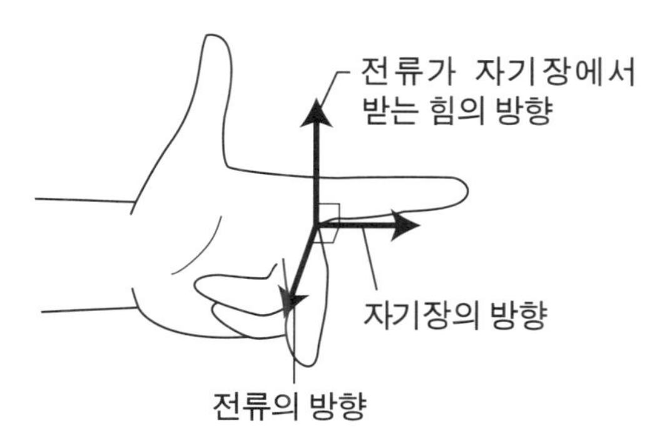

[그림 78] ● 모터의 원리

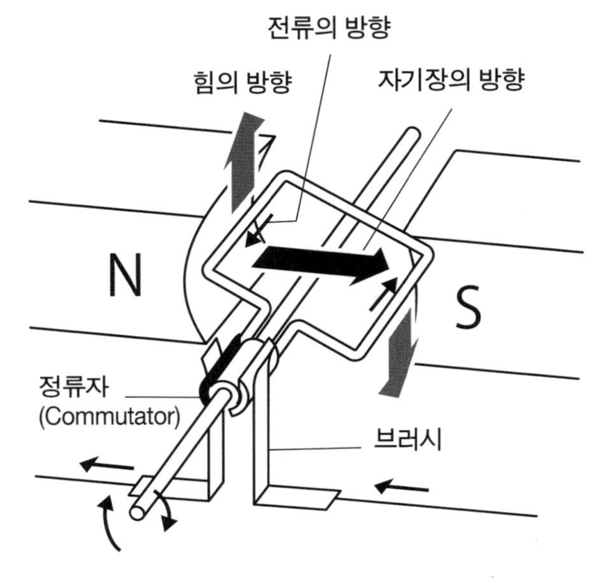

• 브러시와 정류자에서 180° 회전할 때마다 코일에 흐르는 전류의 방향이 바뀌게끔 되어 있다

또 자석을 코일에 가까이 가져가면 그 변화를 방해하려는 방향으로 코일에 유도전류가 생성된다. 이것을 '렌츠의 법칙(Lenz's law)'이라고 한다(그림 81).

발전기는 코일과 자석(전자석)으로 구성되며 둘 중 하나가 고정되고 다른 하나가 회전하면 전자유도에 의해 유도전류가 발생한다.

화력 발전은 보일러에서 석탄, 석유, 천연가스와 같은 연료를 태워서 만든 증기로 터빈을 돌린다. 수력 발전은 높은 곳에 있는 물의 위치 에너지를 운동 에너지로 변환해서 수차를 돌리며, 원자력은 우라늄 235가 핵 분열할 때 발생하는 열로 만든 증기를 이용해 터빈을 돌린다. 풍력은 바람이 풍차를 돌리게 한다. 터빈, 수차, 풍차를 회전시킴으로써 발전기의 자석(전자석)이 코일 안에서 회전하여 전기를 발생시킨다.

[그림 79] ● 화력 발전과 원자력 발전

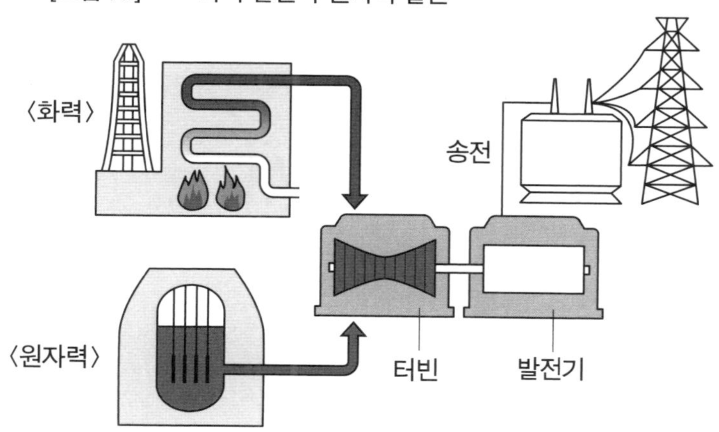

• 원자력 발전은 화력 발전의 보일러 대신 원자로에서 핵연료를 핵분열시켜 열에너지를 생성한다.

[그림 80] ● 전자유도

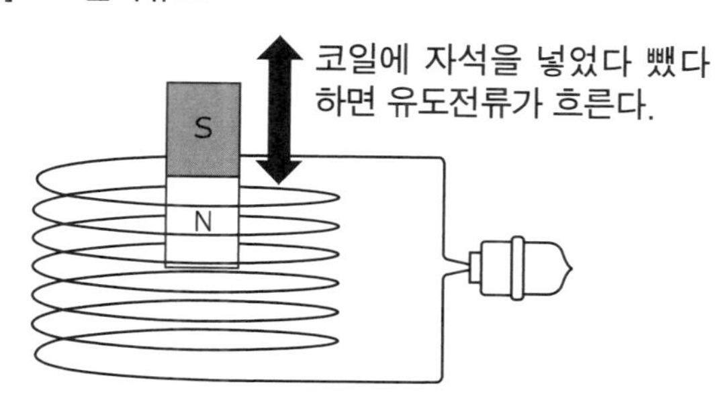

[그림 81] ● 렌츠의 법칙

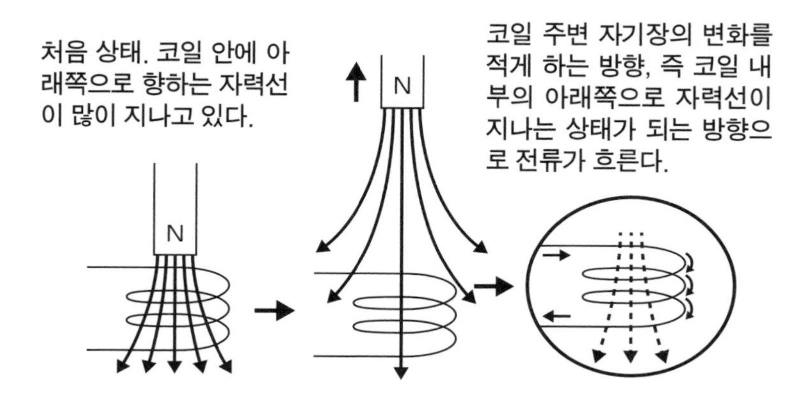

• 유도전류는 코일을 통과하는 자기장의 변화를 방해하는 방향으로 흐른다.

태양광 발전은 빛을 전기로 변환하는 태양전지라는 장비로 생성되어 전자유도를 기반으로 하지 않는다.

이렇게 해서 얻은 전기에너지는 열과 빛 에너지로 전환되거나 모터에 의해 역학적 에너지로 전환되어 가정에서도 다양한 가전제품에 사용된다.

조명의 경우, 백열전구는 소비 전력의 약 90%가 열이 되어 빛의 변환 효율이 떨어지기 때문에, 형광등, LED(발광 다이오드) 등 새로운 광원이 자리 잡고 있다.

● **직류와 교류**

건전지의 회로와 가정용 회로는 크게 다른 점이 있다.

하나는 전압이다. 각 건전지의 전압은 1.5V이지만 가정용 전압은 220V다(일본의 가정용 전압은 100V를 사용한다). 건전지 1개로는 감전되지 않지만 가정용 전압은 자칫 감전될 수 있다.

또 하나는 건전지의 전류는 직류이지만 가정의 전기는 교류라는 점이다.

콘센트에는 양극과 음극이 따로 없다. 교류는 시간이 지남에 따라 전류, 전압의 크기, 전류의 방향이 바뀐다. 이것을 1초에 50회(일본의 동북부) 또는 60회(일본의 서남부) 반복한다.

1초에 반복하는 횟수를 주파수라고 하며 Hz(헤르츠)라는 단위로 표시한다.

주파수는 3장에서 언급한 진동수와 같은 의미이며 전기 분야 등 공학에서 많이 쓰인다.

일본에서도 지역에 따라 50Hz와 60Hz인 곳이 있다. 원래 발전기를 간토 지방에서는 독일에서 50Hz, 간사이 지방에서는 미국에서 60Hz로 수입했기 때문이다. 그것이 지금까지 이어지고 있다.

[그림 82] ● 직류와 교류

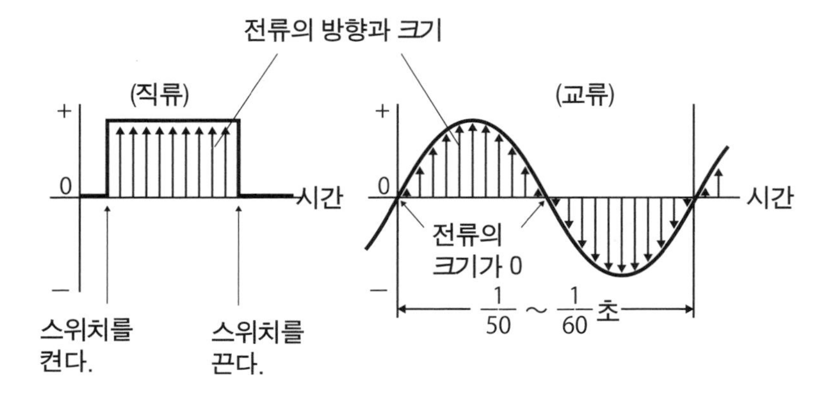

일본의 가정용 전압은 100V이지만 교류전압의 특성상 전압이 시시각각 변화하기 때문에 항상 100V인 것은 아니다. 전압은 최고 레벨에서는 141.4V이고 최저 레벨에서는 -141.4V다. 그런데도 가정용 콘센트의 전압을 100V라고 하는 것은 직류를 기준으로 생각하기 때문이다. 평균적으로 직류 100V와 동일하면 교류도 100V라고 한다. (한국의 가정용 전압은 220V 60Hz인 교류전압을 사용하고 각 나라마다 약간씩 다르다. 미국은 120V, 호주는 240V를 사용하며 모두 교류전압이다.)

● 교류전압은 쉽게 변환할 수 있다

교류의 가장 큰 이점은 트랜스(변압기)를 이용해 전압을 쉽게 바꿀 수 있다는 것이다. 발전소에서 27만 5,000~50만V에 전압을 올려서 송전한 것이 변전소 등에서 몇 단계로 나누어 전압을 내리고 각 가정에 100V 또는 220V의 전압으로 흘러들어간다.

먼 곳까지 전기를 보내려면 최대한 전압을 높여야 낭비되는 전기가 없이 보낼 수 있다. 송전선의 저항 R은 일정하므로 송전할 때 발생하는 줄 열 $Q = RI^2$는 단위 시간당 전류의 제곱 I에 비례한다. 그러므로 같은 전력을 보낼 때 전압을 크게 하면 전류를 작게 할 수 있어 열 발생을 줄일 수 있다.

변압기의 원리는 다음과 같다.

같은 철심에 2개의 코일(1차 코일과 2차 코일)을 감고 1차 코일에 교류를 흘리면 변동하는 자기장이 생성되어 2차 코일에 전자유도에 의한 교류 전류가 발생한다. 이때 '1차 코일의 전압 V_1 : 2차 코일에 발생하는 전압 V_2'는 '감는 수의 비율 $N_1 : N_2$'와 동일하다.

$$V_1 : V_2 = N_1 : N_2$$

[그림 83] ● 변압기의 원리

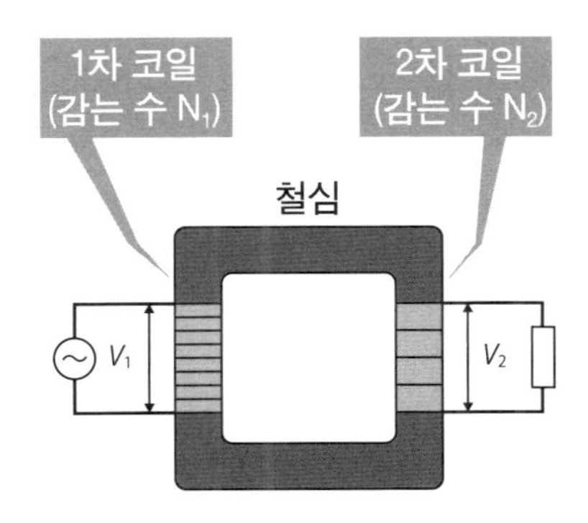

● 전자파

전기를 띤 입자가 운동하면 그 주위에 전기장이 처음으로 만들어지고, 그 전기장의 변화로부터 자기장이 만들어진다. 그 자기장의 변화로 인해 추가로 전기장이 만들어진다.

전자파란 파동으로서 공간을 이동하는 전기와 자기장의 진동이다. 음파와 같은 일반적인 파동과는 달리 전자파는 아무것도 없는 진공 상태에서도 전해진다.

[그림 84] ● 전기장과 자기장의 진동을 서로 일으켜 전자파가 전달된다

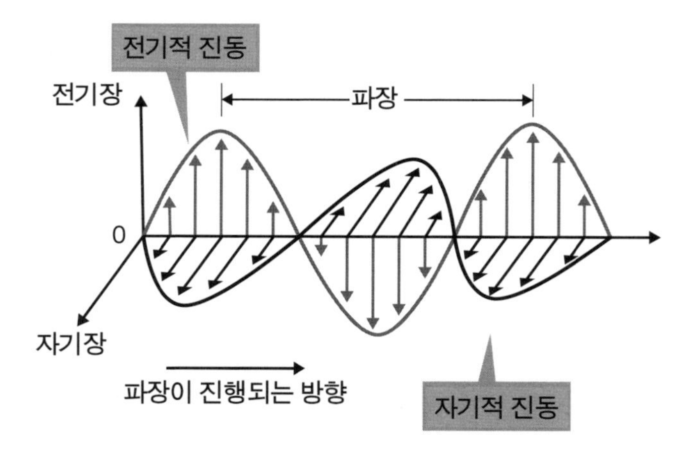

[그림 85] ● 전자파의 종류와 사용 용도

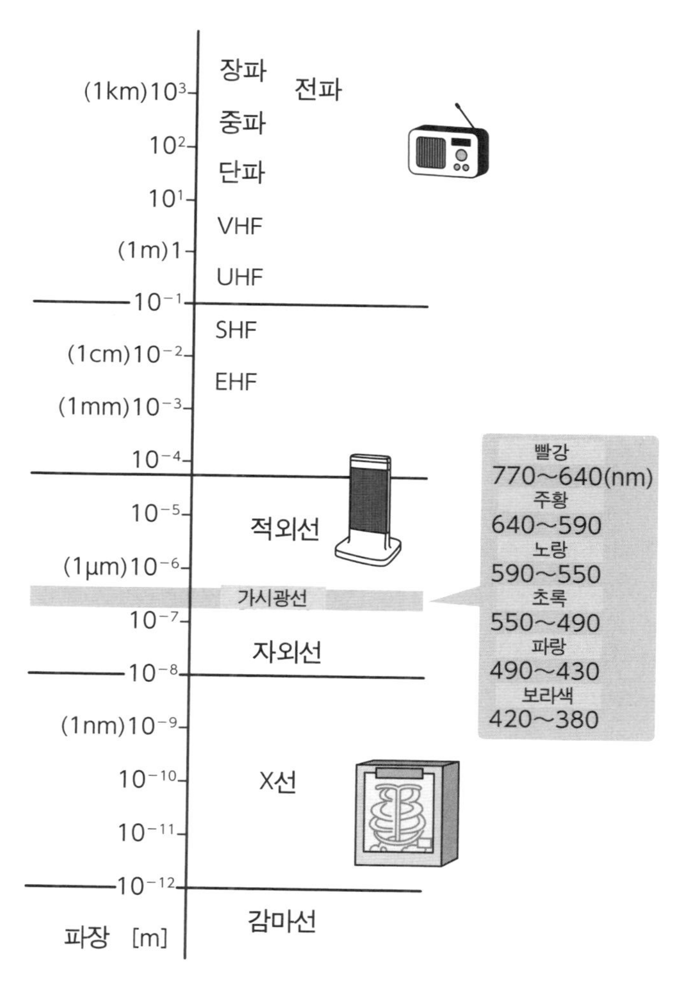

- 1㎛ (마이크로미터) = 10^{-6}m
- 1㎚ (나노미터) = 10^{-9}m

● 생활 속의 전자파

우리가 매일 사용하는 휴대전화와 전자레인지에서 나오는 전파는 전자파다. 그런데 우리 눈에 보이는 빛(가시광선)과 눈에 보이지 않는 적외선, 자외선, 의료장비에서 사용하는 X선과 감마선도 전자파의 일종이다.

같은 전자파여도 파장에 따라 그 성질은 크게 다르다.

일반적으로 파장이 길어지면 에너지가 작고 장애물을 넘어서 먼 곳까지 도달하기 쉬우므로 통신과 방송에 이용된다.

반대로 파장이 짧을수록 에너지가 크고 투과성이 강해서 X선, 감마선은 의료분야에서 이용되며 재료검사에도 쓰인다.

◎ Column ◎

전기의 길. 발전소에서 가정까지

발전소에서 생산되는 전기의 전압은 화력 발전이 약 1만5,000V, 수력 발전이 1만8,000V 이하이다. 그것을 수십만 볼트의 초고전압으로 만들어 발전소에서 내보낸다.

발전소는 종종 대도시 등 전기 소비량이 많은 지역에서 멀리 떨어져 있어서 전기는 수십 킬로미터에서 몇백 킬로미터에 달하는 거리를 여행한다. 그동안 전기는 열의 형태로 손실되어 간다. 전압을 높여 전기를 보내면 전력 손실을 줄여 목적지까지 보낼 수 있지만 그래도 발전한 전력의 약 5%가 손실된다. 전압을 너무 높이면 전선 주위에 코로나 방전(코로나 방전은 전극의 어느 부분이 한도를 넘으면 공기의 절연 파괴 현상이 발생하여 부분 방전이 일어난다. 왕관과 흡사한 모양이라고 해서 코로나 방전이라고 부른다.)이 발생하여 전반적인 조건을 고려하여 전압을 결정해야 한다.

[그림 86] ● 발전소에서 가정으로 전기를 보내는 과정

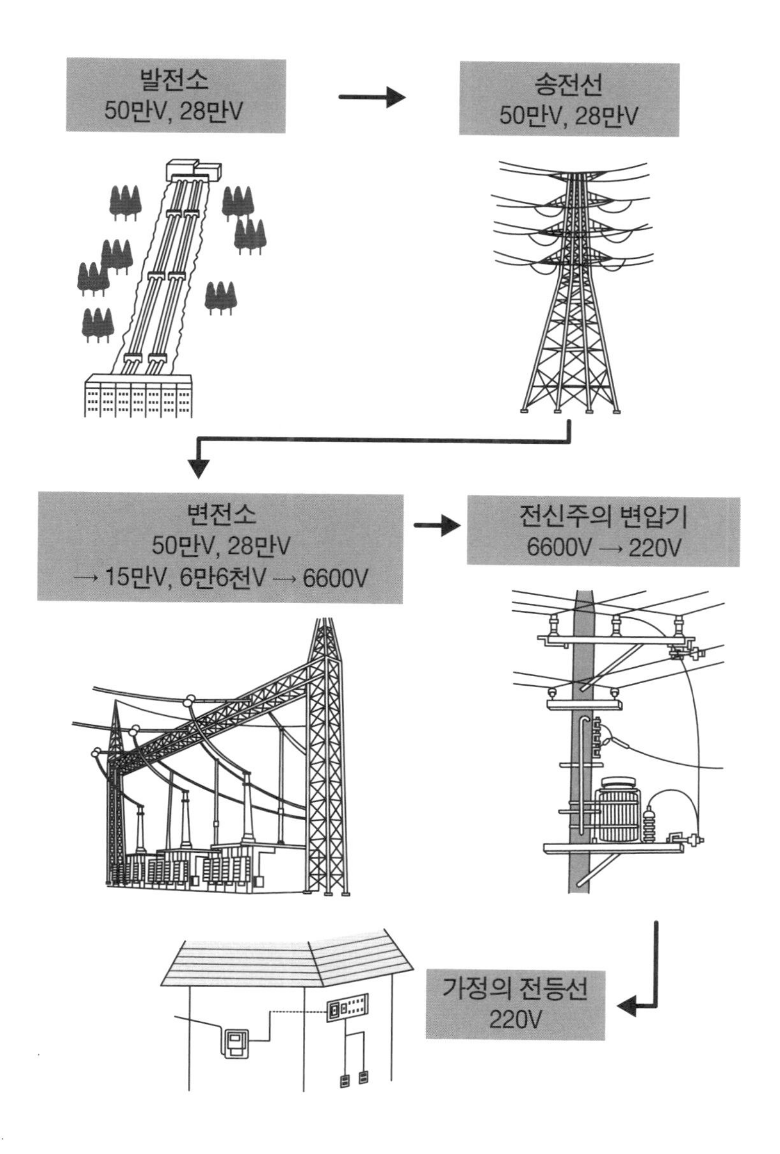

발전소는 전압을 최대 50만V로 높여 전기를 보낸다. 그래서 변전소가 있다.

줄 열로 인한 손실을 줄이는 데는 초고전압이 좋지만 도심에 초고전압이 흐르는 전선이 있는 것은 위험하다. 그래서 변전소에서 조금씩 전압을 낮춘다. 변전소에서 전압을 바꾸는 것을 변전이라고 하며 변전소는 변전을 하는 곳이다.

전압을 바꾸는 장비를 변압기라고 한다.

발전소에서 나오는 초고전압 전기는 기간 변전소와 2차 변전소에서 6만6,000V까지 낮춘 뒤 배전용 변전소로 보내지고 전압은 6600V로 낮출 수 있다.

또한 전봇대에 설치된 주상 변압기에서 220V로 낮춰져 가정으로 전달된다.

이렇게 해서 발전소에서 가정으로 전기가 들어간다.

CHAPTER FIVE

제 5 장

에너지의 종류와 이용

WARM-UP!

재생에너지에는

어떤 것이 있을까?

재생에너지는 자연의 힘으로 보충되는 에너지 자원으로 오랜 세월 사용해도 사라지지 않고(비고갈성) 온실가스에서 이산화탄소를 배출하지 않는다.

구체적으로는 수력 · 태양광 · 풍력 · 지열 · 바이오매스(생물 연료) · 해양 보유 에너지 등이 있다.

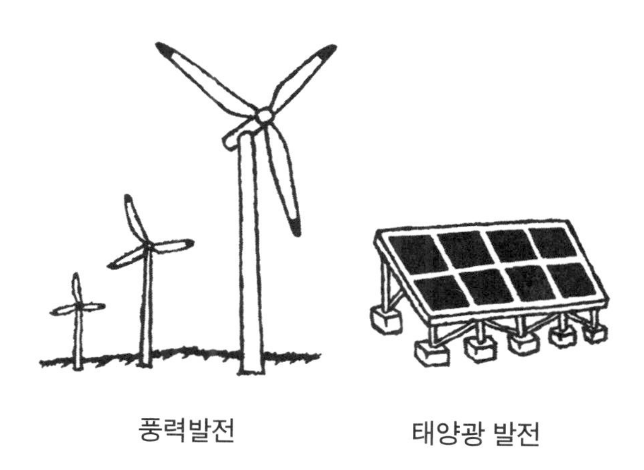

풍력발전 태양광 발전

1. 에너지의 변환과 보존

● 다양한 형태의 에너지

에너지에는 다양한 형태가 있다.

· 운동 에너지 — 움직이는 물체가 가지는 에너지

· 중력에 의한 위치 에너지 — 기준면보다 높은 곳에 있는 물체가 가지는 에너지

· 탄성력에 의한 위치 에너지 — 수축 또는 팽창된 스프링이 축적하고 있는 에너지

· 열에너지 — 내부 에너지 중 물체를 구성하는 원자 또는 분자의 열운동으로 생성된 에너지

· 화학 에너지 — 물질 내부의 원자 간 화학 결합 에너지

· 전기에너지 — 전류나 전자파 등에 의한 에너지

· 빛 에너지 — 전자파의 일종인 빛이 가지는 에너지

· 핵에너지 — 원자력 에너지라고도 한다. 핵자(양성자, 중성자) 간의 결합 상태 변화에 따라 방출되는 에너지로 핵분열이나 핵융합 때 추출된다. 태양과 항성이 내뿜는 에너지원이다.

● 에너지 보존의 법칙

역학적 에너지 보존의 법칙을 생각해보자. 실제로는 운동 에너지가 전부 위치 에너지로 변하지 않고 운동 에너지의 일부는 열에너지나 소리(공기의 진동) 에너지로 바뀌어 있는 경우가 많다. 즉 열

이나 소리로 바뀐 만큼 운동 에너지는 줄어들고 속도도 줄어든다. 열에너지로 바뀐 만큼 역학적 에너지가 줄어들게 되는 것이다.

그러면 열과 소리로 바뀐 에너지도 포함해서 생각해 보자.

열에너지와 소리의 에너지까지 포함하는 경우, 역학적 에너지와 기타 열에너지와 소리 에너지를 더한 값은 항상 같아진다.

다시 말해서 에너지는 결코 사라지지 않으며 새롭게 생성되지도 않는다. 이것을 에너지 보존의 법칙이라고 한다. 이 법칙은 자연계를 지배하는 중요한 기본 법칙으로 알려져 있다.

사실 역학적 에너지 보존의 법칙은 마찰과 소리가 없을 때 성립되는 법칙이다. 반면에 에너지 보존의 법칙은 마찰이나 소리의 유무에 관계없이 항상 성립되는 법칙이다.

● 에너지 자원 중 전기에너지 이용 비율이 증가

산업, 운송 및 생활에 유용한 에너지를 만드는 데 이용되는 자원을 에너지 자원이라고 한다. 자연계에는 석유, 석탄, 천연가스와 같은 화석연료와 태양으로부터 나오는 빛 에너지 등 다양한 에너지 자원이 있다. 우리는 이러한 에너지 자원으로부터 주로 화학 에너지나 전기에너지를 추출해 산업, 운송 및 생활환경에 활용한다.

특히 전기에너지는 송전선을 이용해 멀리 떨어진 곳에도 전기를 공급할 수 있고, 빛이나 열, 운동 에너지 등 다른 에너지로 쉽게 변환할 수 있어 가정과 업무용을 중심으로 수요가 늘고 있다.

석유나 석탄과 같은 에너지는 거의 절반이 전기에너지로 전환해서 이용된다.

● **고갈성 에너지와 재생에너지**

화석연료(석탄, 석유, 천연가스)와 핵연료(우라늄, 플루토늄 등)는 수백 년 내에 고갈될 가능성이 있는 에너지 자원으로 이것을 고갈성 에너지라고 한다.

화석연료는 재생하는 양보다 훨씬 더 많이 소비하기 때문이다. 석유는 원래 생물에서 비롯되었지만 수백만 년이 지나도 재생이 되지 않는다.

핵연료도 사용하면 없어진다.

자연 속에 존재하는 에너지 안에서 자연의 힘으로 보충되어 오랫동안 계속 사용해도 없어지지 않는(비고갈성의) 에너지 자원을 재생에너지라고 한다.

또 하나 중요한 점은 재생에너지는 온실가스에서 이산화탄소를 배출하지 않는다는 것이다. 산업혁명 이후 200년 동안 인류는 많은 화석원료를 동력과 발전의 에너지원으로 소비해왔다. 대기 중 이산화탄소의 농도는 산업혁명 이전보다 1.4배 증가했고 이것이 온실가스로 작용해 지구 온난화의 원인이 되고 있다고 생각하고 있다. 다시 말해 재생에너지는 다음과 같은 조건을 충족해야 한다.

· 자연의 힘으로 보충되어 오랜 세월 계속 사용해도 없어지지 않고(비고갈성)

· 온실가스의 이산화탄소를 배출하지 않는다

구체적으로 수력 발전, 태양광, 풍력, 지열, 바이오매스(생물 연료), 해양 보유 에너지가 재생에너지에 해당한다.

● 수력 발전은 재생에너지일까?

법률적으로는 수력 발전도 재생에너지에 해당한다.

댐에 고인 물은 강, 호수, 땅 등에 있던 물이 태양광 에너지를 흡수해 증발하면서 구름이 되고, 그것이 비가 되어 쏟아진 것이다. 따라서 수력 발전에 사용되는 물의 위치 에너지는 태양광 에너지가 변화한 것이라고 할 수 있다. 수력 발전은 비고갈성이며 이산화탄소를 배출하지 않기 때문에 그대로 사용할 수도 있다.

그러나 수력 발전 설비 건설과 개발에 따른 환경 영향을 고려할 때 대규모 댐형 수력 발전은 일반적으로 재생에너지에서 제외된다. 즉 수력 발전에서는 저수 댐을 짓지 않는 중소형 수력 발전, 미세 수력 발전을 재생에너지라고 본다.

● 화력 발전, 수력 발전과 원자력 발전

현재 화력, 수력, 원자력의 세 가지 주요 발전 방법이 있다. 따라서 신재생 에너지 기반 발전을 생각할 때는 현재 주력 발전인 수력 발전, 화력 발전, 원자력 발전의 골조를 파악하는 것이 중요하다.

각 에너지는 화력, 수력, 원자력 등 바탕이 되는 에너지는 다르지만 결국 수차와 터빈을 이용해 발전기를 회전시켜 전기를 생산한다. 가능한 한 많은 전기를 한 곳에서 만들기 위해 모든 발전소는 큰 발전기로 전기를 생산한다.

화력 발전

- 구조 … 석유, 석탄이나 천연가스를 연소시켜 고온 고압의 증기를 발생시키고 이 수증기로 터빈을 돌려 전기를 발생시킨다(유조선에서 운반해 온 석유를 발전에 사용하는 경우가 많으며, 발전소는 주로 해안에 짓는다).
- 장점 … 석유, 석탄, 천연가스 모두 많은 열을 발생시킨다. 고온의 가스 터빈과 저온의 증기 터빈을 조합하여 에너지 변환 효율을 50% 이상으로 끌어올린 것도 있다.
- 단점 … 연소하면서 생겨난 유독성 이산화황과 이산화질소는 상당량 제거할 수 있지만, 이산화탄소가 대량으로 생성된다. 또한 화석 연료의 매장량은 한정되어 있다.

수력 발전

- 구조 … 높은 위치에 있는 댐에 물을 채워 이 물을 흘려보내면 물의 위치 에너지가 운동 에너지로 바뀌고 터빈이 전기를 생산한다.
- 장점 … 전기를 만들 때 유독성 폐기물을 발생시키지 않는다. 이산화탄소 등의 가스가 덜 생산된다. 열에너지를 거치지 않

아 에너지 변환 효율이 80%로 높다.

· 단점 … 댐 만들기에 적합한 지형은 한정되어 있다. 댐을 만들 때 산을 깎아 상류의 강가를 수몰시키기 때문에 자연환경에 영향을 미친다.

원자력 발전

· 구조 …우라늄 등 핵분열 반응이 일어날 때의 열로 고온 · 고압의 수증기를 발생시키고 터빈을 돌려 전기를 만든다. 에너지 변환 효율은 30~35% 정도로 낮다. 터빈을 돌린 수증기는 냉각하여 다시 압력용기에 되돌리는데, 바닷물이 열을 식히므로 해안가에 건설된다.

· 장점 …소량의 연료로 많은 에너지를 얻을 수 있다. 운전 시 이산화탄소를 배출하지 않는다.

· 단점 … 핵분열 반응으로 발생하는 많은 방사선이 밖으로 나가지 못하게 해야 하고 안전한 운전을 위해 다양한 보호 조치를 취해야 하며 항상 엄격하게 감시해야 한다. 우라늄 매장량에 한계가 있다. 사용이 끝난 핵연료의 안전한 폐기 및 원자로 폐기가 어렵다. 일단 사고가 나면 위험한 방사성 물질이 퍼질 수 있다.

● 주요 재생에너지의 구조와 장단점

지구에 쏟아지는 태양 에너지의 양은 1㎡(평방미터) 당 약 1kW(킬로와트)이다. 인류는 많은 에너지를 소비하지만 그래도 지구에 쏟아지는 태양 에너지량과 비교하면 1만 분의 1정도에 불과하다. 우리가 햇빛으로 1시간 분량의 에너지를 모은다면 그것은 인류가 1년 동안 사용하는 것과 거의 같은 양의 에너지다.

따라서 풍력도 포함해 재생 가능한 태양광 에너지를 어떤 형태로든 이용할 수 있기를 기대하고 있다.

태양광 발전

· 구조 … 태양의 빛 에너지를 태양전지(실리콘 반도체 등)를 이용해 직접 전기로 변환할 수 있으며 발전량과 빛 에너지의 10~25%를 전기에너지로 전환할 수 있다.

· 장점 … 모듈 형태는 가정용과 사업소에서도 이용할 수 있다. 발전 시 이산화탄소를 배출하지 않는다.

· 단점 … 날씨나 태양 고도로 일사량이 좌우되어 발전량이 변동된다. 화석 연료에 비해 발전비용이 상대적으로 높다.

· 주요 과제 … 태양전지의 에너지 전환 효율 향상 · 저비용화

풍력발전

· 구조 … 바람의 힘으로 풍차를 돌려서 전기를 만든다.

· 장점 … 풍차의 규모나 대수에 따라 가정용과 사업소에서 이용할 수 있다. 발전 시에 이산화탄소를 배출하지 않는다.

· 단점 … 소음과 새가 충돌하는 등 환경에 영향을 미칠 가능성

이 있고 풍속이 변화하여 발전량이 갑자기 달라져 변동폭이 크다. 발전 비용이 화석연료보다 상대적으로 비싼 편이다.

· 주요 과제 … 국가별 풍향 상황에 적합한 발전효율을 높이고 비용을 절감해야 한다. 발전량이 갑자기 바뀌는 일에 대응할 수 있는 전력계통을 강화해야 한다.

지열발전

· 구조 … 지열(지구 내 고온 마그마의 열)로 가열된 고온의 온수가 저장된 우물에서 증기를 뽑아내고 터빈을 회전시켜 전기를 발생시킨다.

· 장점 … 화산이 많은 나라에서는 안정적인 발전량을 확보할 수 있고 발전할 때 이산화탄소가 배출되지 않는다. 발전, 온천뿐만 아니라 냉난방, 양식, 온실, 융설(눈 녹이기) 등 다양한 용도로 활용할 수 있다.

· 단점 … 적절한 열원을 찾아내기 위한 개발 리스크가 크다. 지하 온수를 끌어올릴 때 환경에 영향을 줄 수 있다. 국립공원에 적합한 장소가 많아 새로운 전력 공급장치를 개발하기 어렵다.

· 주요 과제 … 개발 리스크 감소와 저비용화. 인근 주민의 이해도 확보.

중소수력발전

· 구조 … 낙차가 있는 강, 용수로의 물줄기로 수차를 돌려서 발전시킨다.

· 장점 … 대규모 댐을 이용해 전기를 생산하는 것과 비교하면 환경에 미치는 영향이 적다. 발전 중에 이산화탄소가 발생하지 않는다.

· 단점 … 중소형 혹은 극소형 하천에서 발생하는 발전량이 불안정하다. 비용이 비교적 많이 든다.

· 주요 과제 … 저비용화

바이오매스

· 구조 … 장작, 숯, 폐목재 등을 직접 연소하거나 가축 분뇨, 식품 폐기물, 재배 식물의 발효로 연료(메탄과 알코올)를 생성한다(원래 생물(bio)의 양(mass)이라는 의미다)

· 장점 … 식물 바이오매스는 성장할 때 이산화탄소를 흡수하여(탄소 고정) 섭취량 이하로 사용할 경우 새로운 이산화탄소가 발생하지 않는다.

· 단점 … 바이오매스 자원의 존재는 얇고 넓다. 에너지를 발생시키는 데 드는 비용이 화석연료에 비해 비싸다.

· 주요 과제 … 바이오매스 자원의 효율적인 수집 · 수송 · 발효 후 잔재 처리방법 확립. 저비용화.

2. 방사선과 원자력 이용

● 방사능의 어머니 마리 퀴리

19세기 말부터 20세기 초까지 물리학에서 새로운 발견이 잇따라 발생하면서 자연과학 분야의 상식이 뒤집히기 시작했다. 예를 들어 '원자는 물질의 가장 작은 단위로 더 이상 쪼개지지 않는다'라는 인식이다.

1895년, 독일의 뢴트겐이 X선을 발견한 것을 계기로 1896년, 프랑스 베크렐이 방사능을 발견했다. 베크렐은 우라늄 화합물이 들어있는 서랍에 사진 건판(사진 감광 재료)을 넣었다가 검정 종이로 포장된 사진 건판이 감광된 것을 알아차렸다. 베크렐은 '검은 종이를 투과하는 X선과 같은 눈에 보이지 않는 방사선이 우라늄 화합물에서 나와 검은 종이를 투과한 것'이라고 생각했다. 우라늄 화합물의 이러한 성질은 우라늄 원소(원자)가 들어 있다면 그게 어떤 화합물이건 에너지를 방출하는 뭔가가 있다는 사실을 밝혔다.

1898년에는 마리 퀴리 등이 토륨 방사능을 발견했고 폴로늄과 라듐 방사능도 연이어 발견했다. 그녀는 우라늄과 같은 방사성 물질의 특성과 성질과 능력을 '방사능'이라고 명명했다. 또한 우라늄과 토륨 화합물을 박사 논문 제재로 선택했고 토륨 역시 방사능을 갖고 있음을 보여주었다.

또 피치블렌드(우라니나이트)라는 광물이 강한 방사능을 갖고 있는 것을 보고 피치블렌드에 우라늄보다 강력한 방사능을 가잔 원소(원자)가 있을 것이라고 생각했다. 마리 퀴리는 남편 피에르 퀴리와 함께 연구를 계속해 여기서 라듐과 폴로늄을 분리하는 데 성공했다. 특히 라듐은 우라늄보다 3백만 배나 많은 에너지를 무한정 방출한다. 그 이유는 핵에너지가 발견되면서 알려졌다.

또한 영국의 톰슨이 발견한 전자(1897년)와 플랑크가 창시한 양자론(1900년), 아인슈타인의 상대성 이론(1905년)이 연이어 등장했다.

● **방사능과 방사선**

방사능을 함유한 원자로는 우라늄 외에 라듐 등이 있다. 방사능을 가진 원자의 원자핵은 방사선을 내면서 자연스럽게 다른 원자핵으로 변한다. 방사능은 '방사선을 방출하는 성질이나 능력'을 말한다. 대표적인 방사선은 알파(α),선 베타(β)선, 감마(γ)선 세 가지가 있다.

· 알파선……헬륨 원자핵(양성자 2개와 중성자 2개가 단단히 결합한 입자)의 흐름
· 베타선…… 원자핵 속에서 튀어나온 전자의 흐름
· 감마선……X선과 유사한 고에너지 전자파

그 밖에도 방사선은 X선, 중성자선, 양성자가 있다. 이것들은 사진의 필름을 감광시키거나 형광 물질을 빛나게 하거나 물질을 투

과한다. 방사선은 넓게는 공간을 날아다니는 전자파(가시광선이나 자외선, 적외선 등은 제외)와 소립자(전자, 중성자, 양성자), 그 복합체(양성자와 중성자로 이루어진 원자핵)의 흐름이다.

● **방사선의 투과력**

알파선, 베타선, 감마선 중 알파선의 투과력이 가장 약하다. 종이 한 장으로 (공중에서는 몇 센티미터 내) 막을 수 있다. 베타선의 이동 거리는 몇 미터 정도이며 몇 밀리미터 두께의 알루미늄 판으로 막을 수 있다. 투과력이 가장 큰 것은 감마선이다(그림88).

알파선, 베타선, 감마선 중 알파선이 가장 전리 작용(중성 원자나 분자로부터 전자를 튕겨서 음이온과 양이온으로 나누는 작용)이 강하다. 베타선은 중위이며 감마선이 가장 전리 작용이 적다.

[그림 87] ● 방사능과 방사선

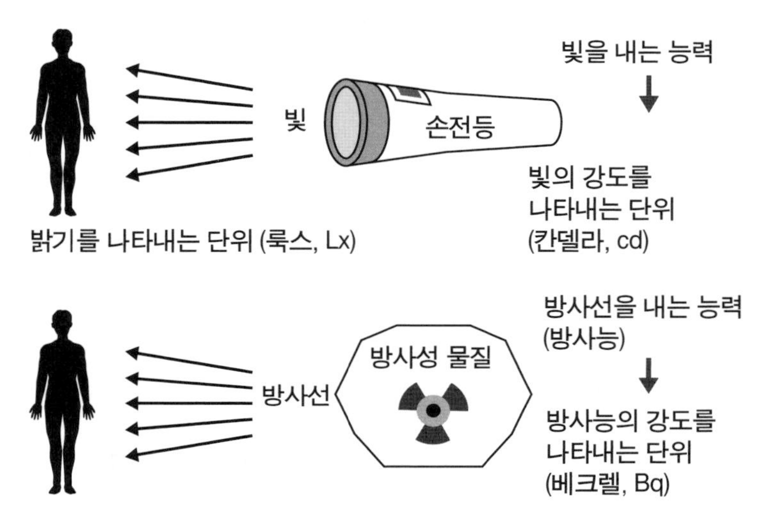

[그림 88] ● 방사선의 투과력

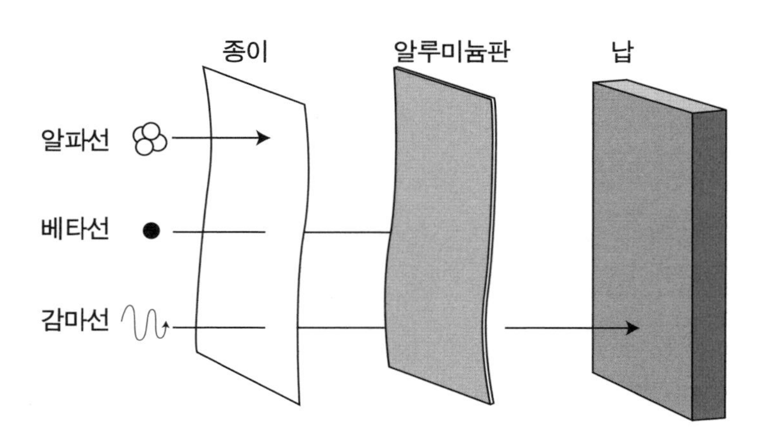

● 자연계에 존재하는 방사선

자연계에는 항상 방사선이 존재한다.

우선 땅에서는 우라늄, 토륨, 라듐, 라돈, 칼륨40 등에서 항상 방사선이 방출된다.

예를 들어 대지에서 나오는 기체의 방사성 라돈을 흡입하기 때문에 몸 안에서는 그 라돈에서 방출되는 방사선을 쬐고 있다.

아득히 먼 우주와 태양 플레어로부터 오는 우주 방사선(우주선)도 항상 지구상에 쏟아지고 있다.

또한 우리 몸에 있는 칼륨 중 일부는 방사성의 칼륨 40이다. 몸 안은 칼륨 40에서 나오는 방사선을 받고 있다.

이렇게 자연적으로 존재하는 방사선을 자연 방사선이라고 한다. 우리는 자연 방사선으로부터 벗어날 수 없다.

● 방사선이 인체에 미치는 영향

방사선을 받으면(피폭) 우리의 몸에는 다양한 장애가 생긴다.

우리 몸은 세포로 이루어져 있지만, 세포는 단백질과 같은 분자로 이루어져 있으며 여기서 원자는 전자를 매개체로 하여 결합된다. 방사선이 단백질 등에 닿으면 그것은 매개체로 사용되는 전자를 튕겨낸다. 이것은 분자를 파괴하거나 변질시켜서 세포나 조직에 급성 손상을 입힌다. 또한 방사선은 유전자의 몸을 형성하는 DNA 사슬을 절단하는 등 DNA의 구조를 변형시켜서 암을 유발할 수도 있다.

방사선 피폭에 의한 즉각적인 장애는 '급성 장애'다. 급성 장애의 증상으로는 백혈구 감소, 구역질 · 구토, 피부 홍반, 탈모, 무월경 · 불임 등이 있다.

반면 '만발성 장애'는 암과 같이 서서히 장애가 발생한다. 백혈병처럼 2년에서 5년 후 정도에 발병하기도 하지만 대부분 10년 정도 후에 암이 발생한다.

방사선은 검사와 치료를 위해 의료행위에 이용된, 주로 X선 검사로 질병을 진단하고 암세포처럼 증식이 빠르고 방사선의 영향을 받기 쉬운 세포를 소멸시킨다. 물론 이러한 검사와 치료는 낮은 방사선량에 노출되기 때문에(저선량 피폭) 피폭에 의한 장단점을 고려하면서 사용해야 한다.

● 방사능과 방사선의 단위

방사능과 방사선을 나타내는 단위를 살펴보자.

방사능의 강도를 나타내는 단위 : 베크렐

방사성 물질의 원자는 방사선을 방출하면서 파괴되어간다. 방사능은 방사선(알파선, 베타선, 감마선 등)을 내뿜는 능력이다.

Bq(베크렐)은 방사능의 강도를 나타내는 양이다.

1Bq은 1초에 1개의 원자가 다른 종류의 원자핵을 가진 것에 파괴되는 단위다. 따라서 1초에 100개의 원자가 파괴되면 100Bq의 방사능이 있다는 것이다.

체내에 어느 정도 흡수되었는지 나타내는 단위 : 그레이 (흡수선량)

인체 등 방사선을 받는 물체에 1kg당 흡수된 방사선의 에너지(단위 : 줄)를 Gy(그레이)라고 한다.

즉 1Gy는 어떤 물체가 방사선에서 1kg당 1J(줄)의 에너지를 흡수했을 때의 흡수선량이다.

인간이 방사선에 노출된 정도를 나타내는 단위 : 시버트

우리 몸이 방사선에 노출되었을 때 그 방사선이 알파선이나 베타선이냐에 따라 영향을 다르게 받는다. 인체 조직의 흡수선량이 같은 1Gy라고 해도 전자가 후자보다 훨씬 큰 영향을 미친다. 신체 조직과 방사선에 따라 작용 강도가 다르기 때문이다.

따라서 동일한 흡수선량이어도 방사선의 종류나 에너지 크기의 차이에 따라 인체에 미치는 영향의 정도가 다른 것을 고려한 단위가 Sv(시버트)다.

Sv(시버트)는 인체가 흡수한 방사선의 영향도를 수치화한 것이다. 1Sv는 1000mSv(밀리시버트), 1mSv는 1000μSv(마이크로시버트)이다.

방사선을 쬐고 난 뒤 단시간에 나타나는 급성장애는 대개 200mSv 이상일 때 발생한다.

방사선에 노출된 뒤 장시간이 흐른 뒤에 나타나는 만발성장애도 있으므로 국제방사선방호위원회(ICRP)는 공중(원자력관계 노동에 종사하지 않는 사람)의 선량한도(평상시)를 '자연방사선 · 의료 피폭을 제외하고 연간 1mSv'라고 규정했다. 한국과 일본은 이 규정을 준수하고 있다.

또한 임산부(태아)와 유아는 성인보다 훨씬 방사선의 영향을 받기 쉬우므로 주의해야 한다.

● 방사선 이용

우리는 살면서 방사선을 어떤 식으로 이용하고 있을까?

의료 : 검사

방사선에는 물질을 투과하기 쉬운 성질이 있으므로 X선을 이용한 뢴트겐 촬영으로 골절이나 위장 등의 상태를 파악한다.

X선 발생기와 감광판이나 검출기 사이에 몸을 두고 X선을 대면 뼈 등 밀도가 높은 물체를 투과하기 어려워서 그 부분만 감광되지 않는다. 황산바륨과 같은 안전하고 X선이 투과하기 어려운 물질을 복용함으로써 위나 소화관의 병소를 검사하고 진단할 수 있다.

[그림 89] ● 방사선의 영향

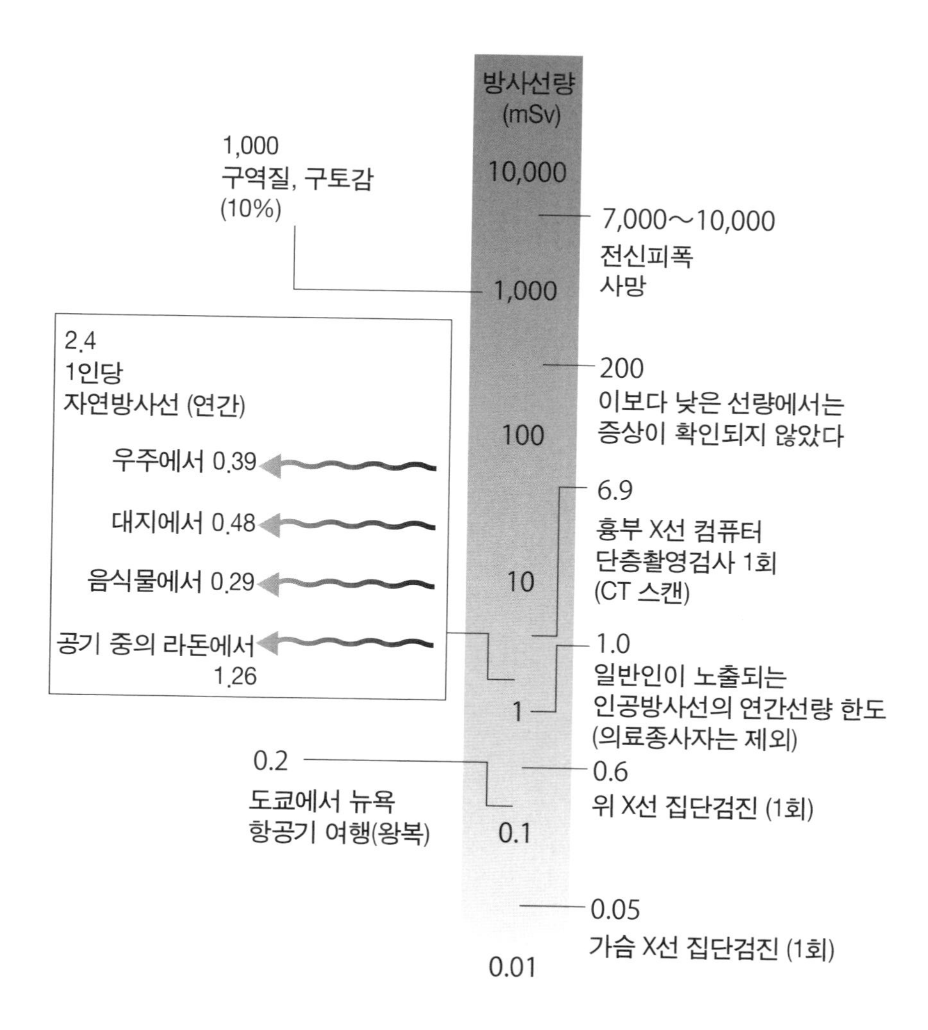

- Sv(시버트)
- 방사선이 인체에 미치는 영향은 실효선량
- 연간 2.4mSv의 자연방사선 이외에 일반인이 연간 받는 방사선의 실효선량 상한(선량한도)은 법으로 1mSv로 규정되어 있다

의료: 치료

체외에서 방사선을 쏘여 체내의 병변 부위를 파괴하거나 방사성 물질의 의약품을 투여하여 치료한다.

[그림 90] ● X선 촬영의 원리

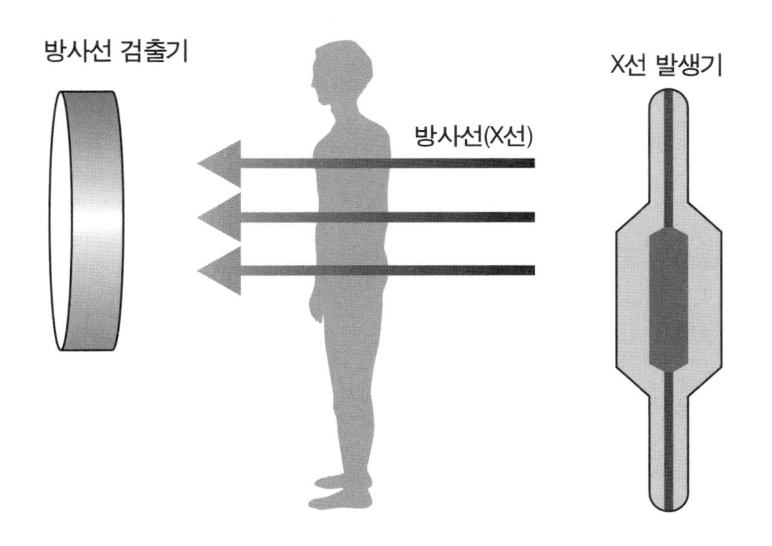

비파괴검사

방사선 물질의 투과성을 이용하여 물체의 내부를 파괴하지 않고 검사할 수 있다.

비행기에 탑승할 때 짐 검사를 하거나 X선 · 감마선을 이용하여 재료 내부의 손상 유무를 검출하거나 두께를 측정한다.

오이과실파리 퇴치

오이과실파리는 채소인 오이나 고야 등 오이류에 알을 낳고 그 유충이 잎을 파먹는 해충이다. 일본 오키나와 서남부 섬에서는 감마선을 번데기에 쏘여서 번식능력을 없앤 수컷을 대량으로 풀어, 이것들과 교미한 암컷이 알을 낳을 수 없게 하여 박멸했다.

추적(트레이서)

방사성 물질은 방사선을 검출하는 측정기로 추적할 수 있다. 예를 들어 이산화탄소의 탄소 원자를 방사성의 탄소 원자로 만들어서 식물의 광합성에 사용한다면, 그 탄소 원자를 추적해 어떤 물질로 변했는지 조사할 수 있다.

● 원자는 원자번호와 질량수로 구별한다

방사선이 원자의 어디에서 나오는지 이해하기 위해 원자 내부를 살펴보자. 모든 방사능은 원자 입자들의 행동에 기초한다.

원자핵의 양성자 수는 원자핵 주변의 전자 수와 같으므로, 원자핵의 양성자 수는 원자의 종류를 나타낼 수 있다.

원자가 가진 양성자의 수를 원자번호라고 한다. 예를 들어 헬륨의 원자번호는 2, 탄소는 6, 산소는 8이다. 주기율표는 원자를 원자번호순으로 나열한다.

원자핵의 질량은 전자가 양성자와 중성자보다 훨씬 가벼우므로 양성자의 수와 중성자의 수에 따라 결정된다. 따라서 양성자 수와 중성자 수의 합을 '질량수'라고 한다. 질량수는 원자의 질량을 비교할 때 기준이 된다.

● 동위체

주기율표의 칸에 있는 원소는 원자번호는 같지만 원자핵이 다른 것이 여러 개 존재하는 경우가 있다. 원자번호는 같지만 원자핵이 다른 것은 원자핵의 중성자 수가 다르기 때문이다. 그것을 '동위체' 또는 '동위원소'라고 한다.

예를 들어 자연적으로 존재하는 우라늄(U)은 양성자 수는 같고 중성자 수가 다른 주요 동위원소가 3종류 있다. 양성자 수는 모두 92이지만, 중성자 수는 142, 143, 146개이다. 이것을 '핵종이 다르다'고 말한다.

이를 구별하기 위해 원소기호의 왼쪽 어깨에는 234U, 235U, 238U와 같이 양성자 수와 중성자 수를 더한 질량수를 붙여서 기호화하고 우라늄 234, 우라늄 235, 우라늄 238이라고 부른다.

● 방사성핵종(방사성원소)

우라늄 234, 우라늄 235, 우라늄 238의 세 동위원소는 방사선을 방출하면서 자연스럽게 다른 원자핵으로 변해가는 방사성핵종이다.

이처럼 방사성핵종의 원자핵이 알파 또는 베타선을 방출하고 또 다른 핵종이 되는 것을 방사성붕괴(혹은 방사성괴변)이라고 한다.

여기서 말하는 방사성핵종을 흔히 방사성원소라고 부르지만, 동위원소를 가진 동일한 원소 중 일부는 방사성원소이고 다른 일부는 비방사성원소이므로 방사성핵종이라고 부르는 것이 더 명확하다.

방사성이 아닌(비방사능) 동위원소를 안정 동위원소 혹은 안정핵종이라고 한다.

● **방사성핵종의 반감기**

방사성 물질의 양이 절반으로 줄어들 때까지의 기간을 '반감기'라고 한다.

요오드 131의 반감기는 약 8일, 세슘 134는 2년, 세슘 137은 약 30년이다.

요오드 131 원자가 1억 개 있다고 가정하자. 8일째에는 5,000만 개가 되고, 다시 8일이 지나면(처음부터 16일째), 5,000만 개의 절반인 2,500만 개로, 다시 8일이 지나면(처음부터 24일째), 1,250만 개가 된다. 8일마다 반으로 줄어드는 것이다.

[그림 91] ● 방사성원자핵의 시간 변화

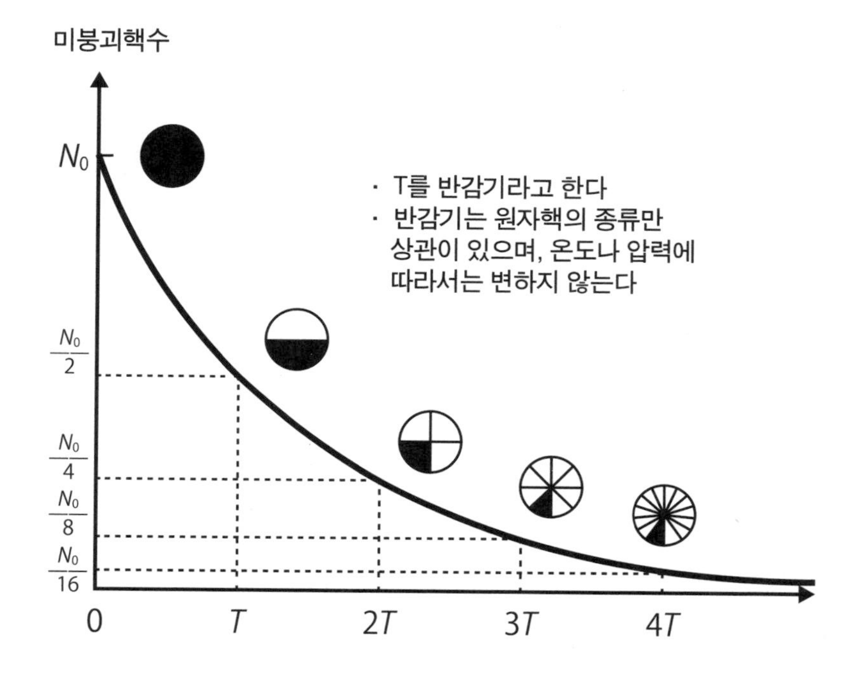

● 핵분열 연쇄 반응

원자력 발전소의 핵연료는 우라늄(U)이다. 자연계에 존재하는 우라늄은 세 가지 주요 동위원소가 있다. 우라늄 238(자연 존재비율 99.3%), 우라늄 235(0.71%), 우라늄 234(0.0054%)다. 세 가지 우라늄 동위원소 모두 방사선을 방출하면서 자연스럽게 다른 원자핵으로 변하는 방사성핵종이다.

우라늄 핵종 중 우라늄 235는 원자폭탄(우라늄 235를 90% 이상 포함)과 원자력 발전 핵연료(35% 포함)에 쓰인다.

우라늄 235의 원자핵에 중성자를 부딪치면 2개의 새로운 원자핵으로 분해된다. 이것을 핵분열이라고 한다.

핵분열이 일어날 때 두세 개의 중성자가 튀어나와 동시에 많은 에너지를 생성한다.

우라늄 235 중 하나가 핵분열을 일으키면 튀어나온 중성자가 인근 우라늄235와 충돌해 핵분열을 일으킨다.

이때 튀어나온 중성자가 다시 인근 우라늄 235와 충돌해 핵분열을 일으킨다. 우라늄 235의 밀도가 다소 높으면 차례로 이런 반응이 일어난다. 이 반응은 '핵분열 연쇄 반응'이라고 불린다. 그 결과 엄청난 양의 에너지가 나온다.

이때 생산되는 에너지를 원자 에너지, 핵에너지 등으로 부른다.

[그림 92] ● 핵분열 연쇄 반응

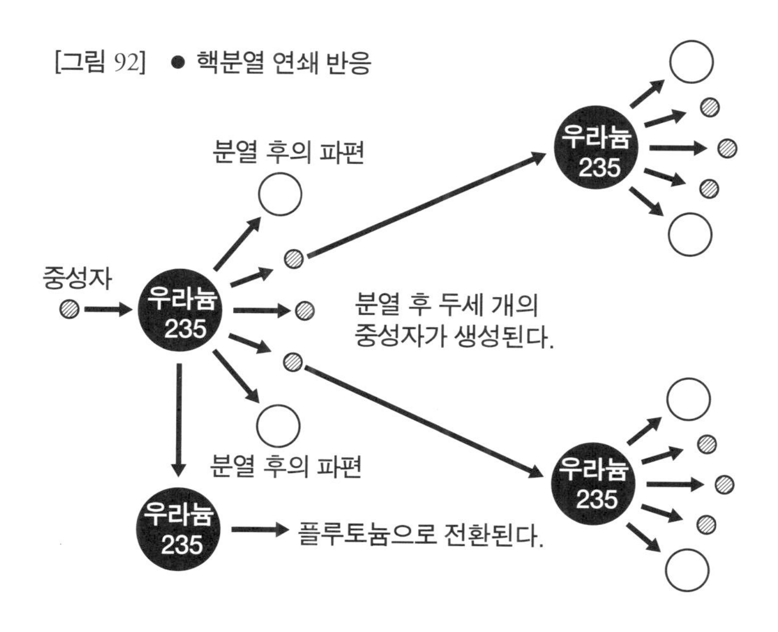

● 원자폭탄과 원자력 발전

핵무기인 원자폭탄과 평화적인 목적으로 쓰이는 원자력 발전은 핵분열 연쇄 반응을 이용한 것이다.

제2차 세계대전 말기인 1945년 8월 6일, 미군은 세계 최초의 우라늄형 원자폭탄인 리틀보이를 일본 히로시마시에 투하했다. 진앙에서 2km 이내가 거의 완전히 파괴되어 불에 탔고 그해 말까지 14만 명이 사망한 것으로 전해졌다.

같은 달 9일 미군은 일본 나가사키시 북부 우라카미 지역에 플루토늄형 원자폭탄 팻맨을 투하했다. 약 13,000채의 가옥이 완전히 파괴되어 불에 탔으며 그해 말까지 약 74,000명이 사망한 것으로 추정된다.

우라늄 235와 플루토늄 239는 원자폭탄에 사용된다. 히로시마에 투하된 원자폭탄에는 우라늄 235, 나가사키에는 플루토늄 239가 사용되었다. 우라늄 235는 자연계의 우라늄 중 0.7%에 불과하다. 나머지 99.3%는 중성자로 핵분열하기 어려운 우라늄 238이다. 따라서 우라늄235를 농축해 고순도(90% 이상) 핵연료로 만든다.

플루토늄 239는 중성자를 흡수한 우라늄 238(원자로 핵연료로는 도움이 되지 않음)이 방사성 붕괴 과정에서 형성된 핵종이다.

핵분열 연쇄 반응의 속도를 잘 조절하여 천천히 핵반응을 진행하는 것이 원자력 발전이다.원자력 발전은 물을 고온 · 고압의 증기로 바꾸기 위해 핵분열의 열을 이용하고 터빈을 돌려 발전기로 전기를 발생시킨다.

핵연료는 우라늄 235로 우라늄 형태의 원자폭탄과 같다. 원자력 발전은 지속적으로 천천히 핵분열이 되도록 통제한다. 원자폭탄과는 필요한 농축도가 달라서 약 3~5%로 농축한 저순도 우라늄 235를 사용한다.

[그림 93] ● 수소핵융합 반응

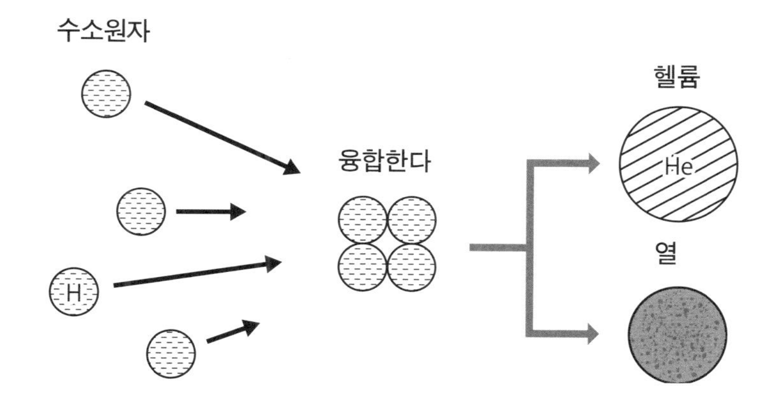

◎ Column ◎

핵융합과 태양의 에너지원

두 개의 원자핵이 충분히 가까워지면 하나로 융합되어 새로운 원자핵이 탄생한다. 이 핵반응을 '핵융합반응'이라고 부르며 총질량은 약간 줄어들어 에너지로 변한다.
지구의 대기권 밖에서, 태양과 직각을 이루는 1 cm^2(평방센티미터)의 면은 분당 약 8J(약 2cal)의 에너지를 받는다. 지구 전체는 1.02 × 1019J이라는 엄청난 양의 에너지를 받는다. 그럼에도 지구는 태양이 우주로 방출하는 총 에너지의 20분의 1만 받는다.
태양에서는 수소 원자 4개가 융합해 헬륨 원자 1개가 만들어지는 핵융합반응이 일어난다.
헬륨 원자 1개의 질량은 수소 원자 4개의 질량보다 약 0.7% 가볍다. 아인슈타인의 상대성이론에 따르면 에너지와 질량은 '$E=mc^2$' 관계로 성립된다. 이를 따르면 에너지를 잃었을 때 물질의 질량은 감소한다. 화학반응에서는 이 영향이 너무 작아서 관측할 수 없지만 핵분열과 핵융합반응으로 방출되는 에너지는 대단히 크다. 그 때문에 반응 후에 남는 핵을 합친 질량이 감소한 것은 원자핵의 질량이 감소한 것으로 확인할 수 있다. 반대로 핵반응으로 생기는 에너지를 계산하려면 정확한 원자량 데이터를 사용하여 반응 전후의 질량 변화를 조사하면 된다.
현재, '지상의 태양'이라고 불리는 핵융합반응을 기반으로 열에너지를 이용해 전기를 생산하는 핵융합 원자로가 연구되고 있다. 문제는 플라스마를 효과적으로 가두는 것이다.
수소폭탄(수폭)은 중수소(이중수소) 또는 삼중수소(트리튬)의 핵융합반응을 이용한 핵무기다.